KB212576

지구는
생명체가
살만한
행성인가 ?

지구는
생명체가
살만한
행성인가?

김종옥 지음 | 조진옥 그림

휴먼人
어린이

생명공동체의
우정을 찾아 떠나는 여행

어렸을 때 제가 보던 만화나 영화에 등장하는 외계인들은 늘 침략자였습니다. 어느 날 문득 평화롭던 지구의 하늘에 외계의 거대한 군단이 나타나면, 그 때마다 지구의 영웅이 나타나 외계인을 물리쳤지요.

사람들은 왜 외계인이 꼭 그런 식으로 나타날 거라고 상상하는지 어린 마음에도 불만스러웠습니다. 저라면 다른 행성을 방문할 때 폭격을 퍼붓는 것으로 인사하지는 않을 테니까요. 어마어마하게 큰 어떤 외계 괴물이 혹시 수성, 금성, 지구, 화성, 목성, 토성을 떼어다가 태양계 목걸이를 만들려는 것이 아니라면, 외계인은 아무 이유 없이 지구를 공격하지는 않을 겁니다. 그리고 어느 날 문득 지구에 나타날 정도의 기술력을 가진 외계인이 지구를 공격한다면, 이미 승부는 결정난 것이나 다름없습니다. 그러니 우리가 어렸을 때 본 많은 외계인 침공 영화들은 별로 설득력이 없던 셈이지요.

외계인이 지구를 방문하면 처음에 누구와 인사를 해야 할지 잠시 망설일 겁니다. 종류가 많은 곤충일지, 덩치가 큰 코끼리나 흰수염

고래일지, 어디에나 있는 미생물일지, 아니면 오래 사는 나무일지. 그러나 곧 인간이 대표로 나서서 인사를 하게 되겠지요. 그 때 인간은 외계인에게 자신이나 동식물, 지구를 어떻게 소개할까요?

외계인 눈에 똑똑하고 잘난 척하는 인간들이 어떻게 비칠지도 궁금합니다. 꽤 영리하게 지구를 잘 관리하는 것처럼 보일까요? 아니면 나머지 생물들에게 미움받고, 스스로도 어려움에 처한 것처럼 보일까요? 주인도 아니면서 주인 행세를 하는 어리석은 생물로 보일까요?

이 글은 그런 물음을 갖고서 쓰기 시작했습니다. '외계인의 눈으로 인간과 지구를 본다면 어떨까?', '과연 지구는 생명체가 행복하게 살아가는 곳인가?' 라는 생각을 해 보자는 것이지요. 우리를 더 잘 보기 위해 우리의 틀을 벗어난 새로운 시선이 필요했습니다. 지구와 생태계, 인간을 다른 시각에서 낯설게 보면 더 솔직하고, 더 자세히 볼 수 있을 것이라고 기대했습니다. 그래서 '외계인의 지구 탐사' 가 시작된 것입니다.

이 책에서는 외계 행성계의 친구들이 지구를 방문하여 지구 생태계를 탐사하는데, 엄마를 찾아다니는 아이가 그들과 동무가 됩니다. 아이의 엄마는 지구의 아픈 곳을 보듬어 주는 아름다운 존재입니다. 그런 엄마를 찾아다니며 탐사대는 자연스럽게 지구 환경에 대한 질문을 던지고 토론을 벌입니다. 이 책은 '지구 환경은 이렇다', '환경을 위해서 이렇게 해야 한다' 는 식으로 짜여 있지 않습니다. '생명은 무엇인지, 생태계는 어떤 의미인지, 인간은 어떤 위치인지를 먼저 꼼꼼히 따져 보고, 지구 생태계는 과연 위기 상황인지, 환경에 대한 책임은 누가, 왜 져야 하는지'를 편견이나 선입견 없이 토론을 통해 나름대로의 생각을 세워 나갈 수 있도록 했습니다. 처음부터 끝까지 토론을 통해서 다른 사람의 생각을 이해하고, 자기 생각을 정리하도록 한 것은 그 때문입니다.

가장 무섭고 어리석은 것은 섣부른 단정입니다. 이 책을 여럿이 함께 읽는다고 해도 진단이나 원인 파악, 해결책이 한쪽으로 모아지지는 않을 것입니다. 자기 생각의 크기와 색깔만큼 결론도 여러 갈래로 나올 테니까요.

지금 우리 인간들은 한껏 잘난 체하며 살아가고 있습니다. 거대한 건축물과 자동차로 꽉 찬 도시, 유전자 조작 기술, 새로운 물질을 만들어 내는 미세 기술, 어마어마한 댐과 운하 따위를 만들면서 "어때, 나 정말 대단하지?" 하고 뽐내는 것처럼 보입니다. 하지만 그게 과연 뽐낼 만한 일일까요? 그건 어쩌면 어릴 때 하던 '땅따먹기' 놀이와 같은 건 아닐까요? 많이 차지했다고 으스대고 좋아하지만, 결국 남의 몫을 '빼앗은' 것일 뿐이지요. '내 능력이 뛰어나서, 내가 노력해서'라고 항변할지 모르지만, 결국 그 능력도 '남의 몫을 빼앗는 능력', '내 몫을 불리는 노력'이 아니었을까요?

결국 인간은 같은 동족은 물론 주변의 동물, 식물, 산과 들과 강과 바다와 하늘을 돌아보지 못했지요. 이제는 한꺼번에 여기저기서 지구의 신음 소리가 들립니다.

우주의 오랜 역사 속에서 우연히 같이 살고 있는 우리 이웃의 생명들이 행복하지 않다면, 그리고 그 책임이 우리에게 조금이라도 있다면 우리 마음은 한없이 무거울 것입니다. 이 책은 결국 '어떻게 하면 우리 모두가 행복해질 수 있을까' 라는 고민으로 이야기를 이어 간 것입니다. 여러분도 그런 고민을 하면서 책을 읽어 나가겠지요. 책 속 외계인 친구들은 하나의 결론을 내립니다. 한 지구 가족으로 평화롭고 조화롭게 더불어 살기 위해서는 '우정' 의 마음이 필요하다는 것이지요.

책을 읽으면서 여러분 모두가 아름다운 지구인으로 살아갈 탄탄한 생각의 기둥을 세우길 바랍니다. 생각의 기둥이 탄탄하면 힘차게 행동할 수 있습니다. 같이 나누고, 내 것을 덜어 주는 것이 결코 손해 보는 일이 아니라는 것을 안다면 얼마든지 용감하게 나설 수 있습니다. 그쯤 되면 우리에게는 든든한 뒷심도 생길 것입니다. 그 뒷심은 바로 '자연' 이 주는 것입니다. 자연은 원래 힘이 세거든요.

지구에서 밤하늘을 봅니다. 우리에게로 왔다가 다시 떠난 외계 행성계 친구들이 보이나요? 그들은 과연 지구인을 이웃할 만한 친구라고 여기게 되었을까요? 혹시 그들이 다시 온다면 그 때는 조금 더 행복해진 지구를 보여 줄 수 있을까요? 우리 힘으로 생명 모두를 미소 짓게 할 수 있을까요?

2009년 여전히 새로 오는 봄을 맞으며

김 종 옥

주인공 소개

　지구의 '생명과 환경'을 탐색하러 먼 우주의 친구들이 찾아왔습니다. '비비(Vivi)'라는 행성에서 살다가 우주 탐사선인 '아미코(Amico)'를 타고 지구로 왔어요. 그런데 이들은 낯선 상황을 이해하거나 상대방과의 소통을 도와 주는 기계 장치인 '아모(Amoco)'를 각자 하나씩 가지고 있답니다. 이제부터 이 책의 주인공들을 간단하게 소개할게요.

아니말로

'동물'을 뜻하는 이름입니다. 성질이 급하고 나서기 좋아하지만, 시원시원한 성격이기도 합니다. 붉은색 아모코인 '다무'를 가슴에 붙이고 다닙니다. 다무를 통해 동물들과 대화할 수 있어요.

플란토

'식물'을 뜻하는 이름이에요. 다정하면서 쉽게 감동하는 여린 성격을 갖고 있지요. 초록색 아모코인 '키잔'을 길고 구불구불한 머리카락 속에 넣고 다닙니다. 키잔은 식물들과 대화할 수 있게 해 줍니다.

미네랄로

'광물'을 뜻합니다. 신중하고 분석적이라서 잘 따집니다. 파란색 아모코인 '이푸이푸'를 어깨 위에 올려놓았어요. 이푸이푸는 아는 것이 가장 많은 것 같네요. 그래서 때때로 잘난 체를 합니다.

게노

생명의 기본 지도라고 할 수 있는 '유전자'에서 따온 이름입니다. 사려 깊고 섬세하지만 몸이 많이 아파요. 보라색 '잠바로'를 팔뚝에 차고 다닙니다. 잠바로는 모든 생명들과 교감할 수 있는 능력을 가지고 있는데, 특히 사람과 마음을 나눌 수 있게 합니다. 그런데 애석하게도 주인이 아파서 그런지 작동이 제대로 되지 않는군요.

아해

아해를 빼먹을 뻔했네요. 아해는 지구 아이입니다. 우리말 '아이'의 옛 이름에서 따왔어요. 아해는 수수께끼의 인물이에요. 잃어버린 엄마를 찾아 헤매다가 외계의 친구들을 만나는데, 특히 게노와 각별한 우정을 나눕니다. 친구들의 도움으로 과연 엄마를 찾을 수 있을까요?

　　이 책에 나오는 이름들 가운데 외계인과 관련된 부분은 대부분 국제 공용어인 '에스페란토어'에서 따오거나, 조금 변형시킨 것이에요. 그래서 각각 상징적인 의미를 가지고 있답니다. 외계인 종족을 가리키는 '파밀리온'은 '가족'과 '공동체', 외계 친구들의 행성인 '비비'는 '살다', 지구로 온 탐사선 '아미코'는 '친구', 개인 파동 분석기 '아모코'는 '사랑'을 뜻해요.

차례

야호, 지구다!

행성계 파밀리오의 소멸

 행성계 '파밀리오'의 거대한 우주선 군단은 지휘부 모함인 아텐 토를 중심으로 우주 공간에 멈춰 서서 그들이 떠나온 곳을 바라보았다.

 바야흐로 오랫동안, 아주 오랫동안 그들의 터전이 되었던 행성계가 사라지고 있었다. 파밀리오의 구성원인 파밀리온 모두는 숙연한 마음이 되었다. 살아났다는 안도감보다는 깊은 슬픔과 안타까움, 착잡함이 모두를 감쌌다.

 비극의 시작은 이랬다.

 어느 날 파밀리오의 행성인 '비비'에서 이전에는 전혀 본 적도, 상상한 적도 없는 이상한 물질이 생겨났다. 초미세 기술을 연구하던 연구소에서 우연히 생겨난 그 미세물질은 주변의 모든 물질 속으로 들어가서는 물질 구조를 닥치는 대로 바꿔 나가기 시작했다. 잘못된 계산을 끝없이 반복하는 고장난 컴퓨터에서처럼 망가진 변이 구조는 걷잡을 수 없이 계속 번져 나갔다. 맛있는 음식이 하루아침에 먹을 수 없는 것으로 변하기도 하고, 단단했던 건물은 갑자기 물렁해져 흘러내렸다. 심지어 방금 전까지 함께 뛰어놀던 파밀리온들이 순식간에 수많은 방울로 변해 날아가기도 했다. 세상은 들리지 않던 날카로운 소리와 보이지 않던 자극적인 빛으로 가득차기 시작했고, 전자파의 교란으로 통신망까지 망가졌다.

문제는 이 혼란의 확산을 막을 수 없다는 데 있었다. 문제가 생긴 지역을 완전히 파괴하고 봉쇄하려고 했지만, 이미 괴물질은 엄청난 속도로 퍼져 나갔다.

모든 분야의 학자가 허둥지둥 한 자리에 모여 머리를 맞댔으나 해결책을 찾을 수가 없었다. 이상한 물질에 대해 아는 것도 없었고, 또한 알아 낼 방법도 없었기 때문이다. 어쨌든 괴물질을 가져와야 연구를 할 수 있을 텐데, 괴물질이 몸에 닿자마자 무언가 다른 것으로 변해 버리기 때문에 누구도 선뜻 나서지 못했다. 결국 괴물질로 뒤덮인 비비를 포기한 채 비비인들은 주변 행성으로 흩어질 수밖에 없었다.

파밀리온들이 비비를 폭파시킬 것인가, 아니면 좀더 지켜볼 것인가를 두고 회의를 거듭하는 사이, 이번에는 더욱 비극적인 소식이 들려 왔다. 괴물질이 행성 비비를 넘어서 이웃 행성까지 번지고 있다는 것이었다. 파밀리온들은 충격에 휩싸였다.

괴물질의 확산이 어디까지 이어질지 어느 누구도 예측할 수 없는 상황이었다. 어쩌면 행성계 파밀리오를 넘어서 전 우주로 확산될지도 모르는 일이었다. 행성 몇 개를 폭파시켜서 해결될 일이 아니었다. 오히려 폭파에 의해 확산 속도나 범위가 더 커질 수도 있었다.

결국 더 이상 확산되기 전에 파밀리오를 완벽하게 사라지게 해야 한다는 결론이 났다. 그 방법은 가장 가까운 곳에 있는 소형 블랙홀 Z-1을 이용하는 것이었다.

그들은 침착하고 치밀하게 탈출 계획을 세웠고, 모든 지적 생명체를 거대 우주선 수천 대에 나누어 탑승시켰다. 또한 각각의 우주선에는 그들이 살아왔던 환경 데이터와 현재의 생명체 샘플을 축소한 주요 자료를 함께 실었다.

파밀리온들이 그들의 고향인 파밀리오의 마지막을 마음 졸이며 바라보고 있는 동안, 항성 '촘'을 중심으로 행성계 파밀리오는 비틀거리며 블랙홀 쪽으로 다가갔다. 어느 순간이 되자 갑자기 속도가 빨라지더니 행성계 전체의 모습이 한없이 길쭉해졌다. 그러나 그것도 잠시, 고무줄이 튕기듯이 다시 줄어드는가 싶더니 순식간에 거짓말처럼 사라지고 아무것도 보이지 않았다.

파밀리오가 차지하고 있던 중력장마저 완전히 사라졌고, 블랙홀 밖으로 그 어떤 소립자도 튕겨 나오지 않았다는 검출 데이터가 전송되었다. 파밀리온들은 절망 속에서도 한편으로는 마음이

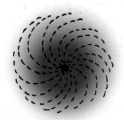

놓였다.

한동안 파밀리온들의 거대한 우주선 군단에서는 침묵이 흘렀다.

지구에서 보내온 반가운 메시지

어느 날 탐측 위성이 우주선 밖에서 한 물체를 포획해 왔다. 작고 둥근 통 같은 물체 속에는 넓적하고 평평한 금속 안내판이 들어 있었다. 안내판의 내용을 분석한 결과, 그것은 까마득히 멀리 떨어진 한 행성에서 보내온 메시지였다. 그림과 숫자로 이루어진 정보를

종합해 보면, 어떤 은하계의 중심에서 2만 6000광년 정도 떨어진 태양계의 세 번째 행성에 지적 생명체인 인간들이 살고 있고, 그들이 먼 우주로 자신들의 인사말을 보냈다는 것이다. 안내판의 내용이 공개되자 우주를 떠돌던 행성복합체인들은 모두 흥분에 들떴다.

그 메시지가 실린 우주선은 1972년 3월 2일(지구 날짜) 발사된 파이어니어 10호였다. 우주선의 기술력으로 볼 때 시간과 거리상 그것은 도저히 행성복합체 연합 우주선에 도달할 수 있는 것이 아니었다. 그런데도 지구인의 메시지는 그들에게 전해졌다. 누군가가 우주 공간이 요동을 친 결과 주름이 접히듯이 공간이 접혔기 때문일 것이라고 조심스럽게 해석했다. 과학자들은 행성복합체가 소멸된 이후 자신의 의견을 이야기할 때 매우 신중했다. 늘 자신만만하던 모습은 찾아볼 수 없었다.

행성복합체의 파밀리온들은 이 우연을 단순한 우연이 아니라고 생각했다. 얼마나 고마운 인사인가. 저 멀리 은하계의 한 곳에서 누군가 우리에게 손짓을 하고 있다니……. 이제 파밀리온들은 자신들이 이주할 곳으로 태양계도 포함시키기로 했다.

우선 그들은 지구를 충분히 탐색한 후 이웃이 될 수 있을지를 결정하기로 하고, 어린이들로 이루어진 탐사팀을 구성해 훈련에 들어갔다. 그들 행성에서 어린이나 어른의 지적 능력은 똑같았지만, 지구라는 곳을 좀더 순수한 마음과 눈으로 조사할 필요성이 있다는 판단에서 어린이들로 탐사팀을 구성한 것이다.

탐사 대원은 이렇게 구성되었다.

〈우주 탐사선 아미코〉

대원 : 아니말로, 플란토, 미네랄로, 게노

소속 : 파밀리오 행성계 가운데 세 번째 행성 비비

그런데 태양계가 워낙 까마득히 멀리 떨어져 있기 때문에 그들은 자신들이 보유하고 있는 가장 높은 기술을 이용해야 했다. 그것은 '나머지 차원'을 이용하는 방법이었다. 그들은 오래 전부터 우주에는 4차원을 넘어서는 나머지 차원이 있다는 것을 알고 있었다. 아주 순간적으로 그 차원에 끼어들었다가 나올 수 있는데, 그것을 이용하면 4차원 안에서는 도저히 갈 수 없는 장소로 이동할 수 있었다. 다만, 그 계산이 너무 어려워서 계산하는 동안 파밀리오의 모든 에너지는 오직 그것에만 집중해야 하기 때문에 모든 기능을 멈춰야 했다.

지구 탐사를 떠날 준비와 훈련이 모두 끝났다. 그 동안 파밀리온 사이에서는 흰 구름에 싸인 푸른 지구의 모습을 관측하는 것이 큰 유행이 되기도 했다. 모두들 다른 행성계로 떠나는 어떤 팀보다 메시지를 전해 온 지구로 떠나는 탐사팀을 열렬히 환송했다.

자, 탐사선이 출발했다. 피우웅!!!

아픈 게노

"이게 벌써 몇 바퀴째야?"

아니말로가 하품을 늘어지게 하며 계기판을 들여다보았다. '79'라는 숫자가 계기판 화면 위에서 반짝이고 있었다.

"아직 일흔아홉 바퀴밖에 안 되었잖아. 좀더 느긋하게 기다려 보자고."

"그래, 넌 너무 성질이 급해."

중앙의 둥근 탁자 주위에 앉아 있던 플란토와 미네랄로가 한 마디씩 했다.

아니말로가 툴툴거리며 걸어와 의자에 앉았다. 그러자 탁자 위에 있던 붉은색 컵 속으로 푸르스름한 알약 같은 것이 날아와 담겼다. 날아왔다기보다는 탁자 가운데 삐죽 올라온 둥근 파이프에서 튕겨져 나온 것이다. 그것은 의자에 앉으면 자동으로 몸 상태를 점검하고, 그 결과에 따라 몸에 필요한 성분을 보충해 주는 자동장치였다.

오랫동안 우주선에서 생활해야 하고, 또 탐사지에서는 필요한 성분을 충분히 섭취할 수 없으므로 특별히 마련된 장치였다. 몇 종류의 알약과 부드럽게 빛나는 물이 아이들의 건강을 지켜 주고 있는 것이다. 물론 고향의 맛있는 음식 대신 이런 간단한 영양제를 먹어야 하는 것이 그리 즐거운 일은 아니었다. 그러나 중대한 임무를 띠고 우주선에 탄 이상 기분 좋게 받아들여야만 했다.

사실 얼마나 치열한 경쟁을 뚫고 뽑힌 선발대이던가. 더구나 다른 행성으로 떠난 탐사대도 많았지만, 특히 지구라는 행성 탐사에 지원한 친구들은 또 얼마나 많았던가 말이다.

"어! 여든한 번째에서 속도가 줄어들고 있어. 이제 착륙 준비를 해야겠는걸."

아니말로 옆에 앉아 있던 플란토가 컵을 내려놓으며 말했다.

숫자는 우주 탐사선이 지구를 회전한 횟수였다. 탐사선은 지구를 계속해서 빙빙 돌며 지구에 대한 정보를 수집하는 중이었다. 가장 중요한 것은 네 명의 아이들이 효과적으로 지구 탐사를 수행할 수 있도록 지구 환경을 분석하여 개인 파동 분석기인 아모코를 통해 지구의 주파수와 맞추는 일이다. 그것을 '최적화'라고 불렀다.

우주 안의 모든 물체는 각각 고유한 파동을 가지고 있다. 그 파동이 미치는 범위를 파장이라고 한다. 어떤 물체를 완전히 이해하려면 그것이 갖는 모든 파동과 파장을 하나도 놓치지 않고 받아내야 한다.

그런데 하나의 지적 생명체가 모든 파동을 감지할 수 있는 것은 아니다. 자신이 받아들일 수 있는 한정된 영역의 파동만 느낄 수 있다. 그러므로 자신이 감지할 수 없는 파동을 가지고 있는 우주의 별은 원래 색깔과 다르게 보이거나 아예 보이지 않기도 한다.

행성복합체인 파밀리온끼리도 서로 비슷한 파장 속에 있기 때문에 많은 부분에서 보고 듣고 느끼는 것을 공유할 수 있었다. 그러나 서로 감지하기 힘든 영역도 분명히 있었다. 예를 들면, '가' 라는 행성의 생명체가 부르는 노래는 '나' 라는 행성에서는 일부밖에 듣지 못한다. 또 '다' 라는 행성에서는 누구나 볼 수 있는 '뾰족한 빛'

이나 '뭉툭한 바람 떼'를 '라'라는 행성에 사는 생명체는 전혀 볼 수 없는 경우도 있었다.

그래서 행성복합체 안의 지적 생명체들은 아주 오랜 세월 동안 힘을 모아 연구하여 우주적 사건이라고 할 만한 기계를 만들었다. '아모'라고 하는 번역 기계였다. 이 번역 기계는 우주 안의 모든 물질 각각의 고유한 파동을 감지하고 분석하여, 최대한 자신들이 느낄 수 있는 감각 영역에 맞는 파동으로 바꾸어 주는 일을 했다.

'아모'로 인해 서로 이해하지 못할 '다른 세계'는 우주에서 사라진 셈이다. 느끼고 표현하는 감각이 서로 다른 종족끼리 자유롭게 상대와 대화할 수 있게 된 것이다. 때문에 '아모'가 탄생했을 때 전체 행성복합체의 모든 구성원은 너무 기쁜 나머지 지쳐 쓰러질 때까지 잔치를 벌였고, 연구에 참여한 학자와 기술자들은 우주적 스타가 되기도 했다.

아모의 기능을 개인들이 각자 나누어 가질 수 있도록 만든 이동식 장치가 개인 파동 분석기인 '아모코'이다. 이것을 몸에 지니고 있으면 웬만한 곳에서는 어느 누구와 만나더라도 보고 듣고 대화할 수 있었다.

그런데 아모코를 지닌 주인의 상태가 많이 안 좋은 경우, 아모코는 제대로 작동하지 않을 수도 있었다. 바로 지금이 그런 때이다.

"그런데 어쩌지? 게노가 저렇게 아파서……."

미네랄로가 조금 어두운 구석을 돌아보며 걱정스럽게 말했다. 그곳에는 각각 색깔이 다른 네 개의 휴식 캡슐이 나란히 놓여 있었다.

그 가운데 알록달록한 휴식 캡슐 안에 '게노'가 잠들어 있었다.

게노는 우주 탐사선이 태양풍이 미치는 거리인 헤일로를 통과하면서부터 시름시름 앓기 시작했다. 휴식 캡슐 안에 들어가 잠시 쉬면 컨디션이 회복되어야 하는데, 이상하게도 게노는 회복되지 않았다. 오히려 상태가 조금씩 더 나빠지는 것 같아서 모두 걱정이 이만 저만이 아니었다.

"완벽하게 적응하려면 우리 모두의 아모코 기운을 합쳐야 하는 데……."

플란토가 정면의 주조정장치 가운데에 꽂혀 있는 아모코들을 바라보며 걱정스러운 표정을 지었다. 네 명 각자가 가지고 있는 아모코를 모아 정해진 위치에 꽂아 놓아야만 파동 분석기인 아모가 완벽하게 작동하게 된다. 아니말로의 붉은색 아모코인 '다무', 플란토의 초록색 아모코인 '키잔' 미네랄로의 파란색 아모코인 '이푸이푸'는 제 빛으로 환하게 반짝이고 있는데, 게노의 보라색 아모코인 '잠바로'만 빛이 희미했다. 아모코는 자기 주인의 상태에 영향을 받는 예민한 물건이기 때문이다. 그것을 '감응 현상'이라고 했다.

게노의 상태는 어떠한가?

총지휘관인 아보다 박사의 목소리가 들려 왔다. 아니말로가 손을 뻗자 허공에 아보다 박사의 입체 영상이 나타났다.

"아직 좋지 않습니다."

아니말로가 대답했다.

큰일이군. 이 곳에서도 게노의 상태를 분석하고 있는데, 신호가 약해서 상태 파악이 쉽지 않다. 파동의 교란이 좀 일어났던 것 같은데…… 아모의 최적화 상태는 아직도 90퍼센트에 머물고 있지?

"방금 93퍼센트까지 올랐습니다."

플란토가 계기판을 보며 대답했다.

할 수 없지. 그 정도만 해도 지구 행성에서 임무를 수행하는 데 무리는 없지만, 일단은 대기하고 있도록. 이 곳에서 게노의 상태가 분석되는 대로 해결책을 지시하겠다.

"생각보다 늦어지는군요."

플란토가 걱정했다.

대개 몸의 컨디션 조절은 탐사선 안에 있는 몇 가지 장치로도 쉽게 해결할 수 있었다. 이를테면, 영양소 공급 파이프를 통해 필요한 성분을 먹는다든가, 생체 리듬의 부조화를 조절해 주는 휴식 캡슐 안에서 한숨 푹 자고 나면 몸은 금세 회복되었다. 그런데 게노는 좀처럼 회복되지 않는 것으로 보아 좀 심각한 상태일 수도 있었다. 믿는 것은 우주선 모함인 '아텐토'에서 게노의 생체 파동을 정밀하게 분석하여 치료법을 찾아 내는 방법뿐이었다. 그러나 어쩐 일인지 지금은 그것조차 순조롭지 않은 상태이다.

모두들 초조한 마음을 감추고 지구에 대한 기초 자료를 검색하고 있는데, 아보다 박사의 영상이 다시 나타났다. 기대와는 달리 아보다 박사의 얼굴이 어두웠다.

이 곳 모선 아텐토와 너희들의 탐사선 아미코 사이에 거대 중력원이 지나고 있다는 보고가 들어 왔다. 우주에 시공간 주름이 여러 겹 생겼다고 한다. 게노의 파동이 약한데다가 거대 중력원이 파동의 일부를 흡수하는 바람에 분석하는 데 시간이 많이 걸리게 생겼다.

"그럼 어쩌지요?"

플란토의 목소리는 실망에 잠겼다.

아직 실망할 일은 아니야. 일단 지구에 착륙하도록. 마침 지구에 게노에게 도움이 될 생명물질이 있다는 예비 분석 결과가 나왔다. 그 물질이 무엇이며, 정확한 위치와 상태는 분석이 끝나는 대로 다시 알려 줄 테니 착륙부터 하도록. 그럼 행운을 빈다.

"아, 다른 탐사선들은 어떻습니까?"

아니말로가 사라지는 아보다 박사에게 물었다.

다들 순조롭게 진행하고 있다. 그러나 다른 어떤 탐사대보다 지구로 향하고 있는 자네들 팀이 특히 우리 행성복합체인들에게 가장 관심이 많은 만큼 흥미진진한 많은 정보를 얻을 수 있기를 바란다. 그럼.

아니말로는 어깨를 으쓱하며 미소를 지었다. 자부심이 가득한 얼굴이었다. 플란토와 미네랄로가 손가락 끝을 마주 대고 두드렸다. 둘의 손가락 끝이 닿을 때마다 영롱한 빛의 오로라가 퐁퐁 소리를 내며 퍼졌다. 이것은 기분이 좋거나 들떴을 때 보이는 표시였다.

"미안해. 나 때문에 우리 임무에 문제가 생기면 어쩌지……."

게노의 작은 목소리가 멀찍이서 들려 왔다. 모두들 고개를 돌려서 보니 게노가 휴식 캡슐 뚜껑을 밀어 올리고 나와 천천히 걸어오고 있었다.

"게노, 좀 나아진 거니?"

플란토가 반가워하며 게노에게 다가갔다. 게노는 힘없이 고개를 저었다.

"힘들게 일어나지 않아도 돼, 게노. 완벽하지는 않지만 임무를 수행할 수는 있어."

"그래, 같이 힘을 나누면 되니까 무리하지 마."

아니말로와 미네랄로가 게노를 부축하며 위로하자, 게노의 얼굴이 좀 환해지는 듯했다.

이 때 착륙 준비를 하라는 신호음이 들렸다. 꼭 아흔 번째의 회전을 마치고 탐사선이 우주 공간에 멈추어 섰다. 착륙 지점을 찾아 낸 것이다. 모두들 긴장한 표정으로 각자의 자리에 앉았다. 게노가 억지로 기운을 내어 자리에 앉는 것을 보고 모두 손가락을 흔들며 기운을 북돋아 주었다.

"자, 간다~!"

아니말로가 크게 한숨을 쉬더니 착륙 2단계 버튼을 눌렀다. 아무것도 보이지 않던 정면 모니터에 둥근 물체가 갑자기 나타났다. 지구였다! 처음에는 솜사탕처럼 흐릿하게 보이더니, 아미코가 빠르게 빛을 내며 돌자 점차 하얗고 푸른 무늬가 선명한 둥근 모습을 드러냈다.

"생각보다 멋진걸?"

"이거, 엄청 기대되는데?"

아니말로와 미네랄로가 눈을 반짝이며 말했다.

플란토가 고개를 저었다.

"성급한 기대는 하지 말자. 우리가 받은 자료에 의하면 지구 환경이 그리 좋지만은 않잖아."

"그건 그래."

미네랄로가 손가락을 튕기며 고개를 끄덕였다. 미네랄로의 손가락에서 예리한 빛줄기가 탁 튕겨져 나갔다. 주의 혹은 경고를 뜻하는 신호이다.

"어쨌든 가 보자고. 자, 착륙이닷!"

아니말로가 착륙 3단계 버튼을 힘차게 눌렀다.

지구는 좋은 이웃이 될 수 있을까?

모두 몇 단계의 착륙 과정을 거친 후 살포시 내려앉은 탐사선 안에서 잠시 대기했다. 아니말로는 탐사선이 착륙하자마자 서둘러 밖으로 나가고 싶어 안달을 했다.

눈 앞에 펼쳐진 바깥 풍경은 너무나 신기했다. 기분 좋은 빛으로 뽀얗게 가득 찬 대기는 아늑해 보였고, 빽빽이 늘어서 있는 어떤 생물체는 가만히 선 채 숨만 쉬고 있었다. 또 크고 작은 알 수 없는 생물체들은 저마다 날고 기고 뛰면서 독특한 신호음을 내고 있었다. 가장 큰 한 생물체는 끝도 보이지 않는 길고 반짝이는 몸뚱이를 바닥에 뉜 채로 꿀렁꿀렁, 가르릉 소리를 내고 있었다. 무엇인지는 모르지만 어쨌든 모든 게 살아 있었다!

신기한 것은 그것들 모두가 탐사선에 적대감을 보이지 않는다는 사실이었다. 그 어느 것도 불쾌해하거나 화를 내지 않았다. 다만,

움직임이 많은 것들은 좀 경계하는 듯 조심스러워 보였다.

"자, 허락 명령이 떨어졌어. 이제 슬슬 나가 보자고."

아니말로가 붉은색 '다무'를 가슴에 붙이면서 일어섰다.

"왠지 전설 속에서만 존재하는 곳을 보는 것 같아. 먼 옛날 우리 조상들이 살던 곳 말이야."

플란토가 눈을 반짝이며 말했다. 플란토는 초록색 '키잔'을 기다란 초록색 머리카락 속에 붙여 넣었다.

"에이, 그렇다면 파동 분석기가 파동을 감지하는 데 왜 이렇게 시간이 오래 걸렸겠어? 이 곳은 우리가 살던 곳과는 아주 많이 다른게 틀림없어."

아니말로가 미네랄로의 등을 찰싹 치며 고개를 흔들었다.

"어쨌든 무언가 살아 숨쉬는 것으로 가득 차 있는 듯해 보여. 옛날 모습이든, 지금 모습이든 우리가 살던 곳과 비슷할 수도 있겠다 싶어."

플란토가 꿈을 꾸는 듯한 표정으로 말했다.

"넌 너무 아름답게만 보는 병이 있어."

아니말로가 손가락질을 하며 말했다.

플란토가 고개를 흔들며 되물었다.

"넌 너무 성급하게 단정하는 병이 있고?"

"자, 아직은 아무것도 단정할 수 없어. 느긋하게 살펴보자고."

미네랄로가 손바닥을 탁탁 부딪치며 말했다.

"넌 너무 느긋한 병이 있지!"

아니말로와 플란토가 동시에 말하고는 깔깔거렸다. 게노도 쿡쿡 웃어 댔다.

그 모습을 보고 기분이 좋아진 미네랄로도 하하 웃었다.

"넌 어때? 이 곳의 첫인상이."

플란토가 게노에게 물었다.

"평화로워 보여. 사라진 우리 행성 '비비'처럼."

게노는 조금 우울한 목소리로 대답했다. 게노의 말에 모두 우울해졌다.

뜻하지 않은 실수로 많은 생명체가 행복하게 살던 터전이 순식간에 날아가 버린 그 끔찍했던 마지막 며칠이 모두의 머릿속에 떠올랐다. 물론 대부분의 지적 생명체가 우주선에 탈 수 있었지만, 생각보다 많은 수의 동족들이 '비비'와 함께 사라지는 쪽을 택했다. 그들은 자신이 오랫동안 살아온 터전과 함께 행복하게 사라지겠노라고 말했다. 게노의 할아버지와 할머니도, 플란토의 외할아버지와 외할머니도, 아니말로의 선생님 식구들도 그렇게 사라졌다.

아이들은 아직도 행복하게 사라지겠다고 한 동족들을 이해할 수 없었다. 그저 같이 있어 주지 않는 것이 야속하고 슬프기만 했다. 그들은 웃음 띤 얼굴로 손을 흔들며 먼 훗날 자신들을 이해할 수 있을 것이라고 이야기했지만, 아이들은 그 순간을 기억할 때마다 가슴이 너무 아팠다.

"우리 '비비'가 사라지지 않았다면 얼마나 좋았을까……."

플란토가 한숨을 쉬며 말했다. 모두 고개를 끄덕이며 잠시 말이 없었다.

그러다 곧 아니말로가 큰 소리로 말했다.

"자, 자, 그만해. 그 덕분에 우리는 제2의 세상을 열 수 있게 되었잖아. 우리가 살던 행성계에서 벗어나 우주 전체로 우리의 세계를 넓혀 나갈 수 있게 된 것을 생각하자고. 우리는 우리들의 아름답고 조화로운 방식으로 새로운 세계를 만들어 갈 거야. 어때, 근사한 일이지 않아?"

아니말로가 자기 머리를 탁탁 두드리자 보라색 오로라가 아른거렸다. 새로운 생각으로 기분 전환을 하자는 표시이다.

"그래, 우리가 어떤 행성을 찾아 낼지 애타게 기다리는 우리 동족들을 생각하자고."

미네랄로도 아니말로처럼 자신의 머리를 두드려 보라색 오로라를 만들며 말했다.

"그래, 우리 동족들을 생각해서 힘을 내자고."

게노가 보라색 '잠바로'를 팔뚝에 차면서 말했다. 갑자기 기운을 차린 듯한 게노를 보면서 다들 어리둥절한 표정을 지었다. 게노가 자신 있다는 듯 씩 웃으며 말했다.

"좀 불안정하지만 임무를 수행할 정도는 돼."

그러나 게노는 친구들을 생각해서 공연히 허세를 부리고 있는 것이 분명했다. 그의 어두워진 얼굴빛에서도 그렇다는 게 금세 표시가 났다. 그러나 어쨌든 허세일망정 밖으로 나가려는 의욕이 생겼다는 것이 무척이나 안심이 되었다. 아이들은 모두 손가락을 앞으로 내밀고는 피아노 치듯 흔들었다. 각자의 상징 색이 작은 불꽃놀

이처럼 통통 튕겼다. 서로를 격려하는 행동이다.

"지구 탐사를 시작합니다!"

아니말로가 우렁차게 외쳤다. 그 소리에 맞춰 아이들은 모두 입구 쪽으로 걸어가 섰다. 그러자 영롱한 빛이 위에서 내려와 모두를 에워쌌다. 아이들은 손을 맞잡았다.

빛은 아이들을 에워싼 채로 2차원 평면으로 좁아지더니 이윽고 하나의 선으로 변했다. 잠시 머뭇거리던 선은 위아래, 옆으로 심하게 요동치면서 탐사선 아미코 밖으로 사라졌다.

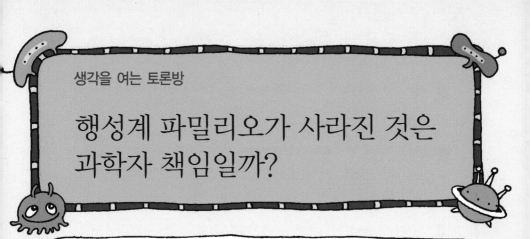

행성계 파밀리오가 사라진 것은 과학자 책임일까?

자, 우리 토론방이 개설되었어. 여기서 벌어지는 토론은 파밀리온 모두 가 들여다본다는 걸 알고 있겠지? 그러니까 잘 해 보자고.

좋~아!

첫 번째 질문은 내가 먼저 날리지. 모두 우리 행성계 파밀리오가 사라지 는 장면을 보면서 많은 생각을 했을 거야. 나는 우리 파밀리오가 누구 때문에 사라지게 되었을까, 그게 궁금해. 누구 때문일까? 과학자들 때 문일까?

그래. 멍청한 과학자들이 그렇게 위험한 과학 기술을 겁 없이 개발했 기 때문이야. 과학자들은 한 번 연구를 시작하면 도대체 멈출 줄을 모 른다고.

그렇게 말하는 건 좀 비겁해. 여태껏 과학자들 덕에 예전보다 훨씬 편하 게 살아왔다는 걸 잊으면 안 되지. 과학자들은 더 많은 것을 알기 위해서 그냥 연구만 할 뿐이야. 문제는 그것을 이용하는 태도라고.

연구 결과까지도 예상했어야 해. 그게 과학자의 책임이야. 어디에 이용 하든 내 알 바 아니라고 모른 척하는 건 정말로 비겁한 거라고.

그래도 과학자들 덕에 우리가 이렇게 사라지지 않고 새로운 터전을 찾아 다닐 수 있게 된 것은 인정해야지.

흥! 그걸 병 주고 약 준다고 하지. 잠깐만, 하나 짚고 넘어가자. 대체 과학 기술이 위험한 거냐, 과학자가 위험한 거냐?

과학 기술도, 과학자도 위험한 부분이 있기야 하지. 하지만 그런 위험보다는 과학 기술이 우리 파밀리온에게 기여한 것이 훨씬 많다는 걸 명심해야 해.

기여한 게 많다니? 아무리 많았어도 한순간에 다 날려 버린 것만 할까.

과학 기술이 위험하다고 해서 그 연구를 멈출 수는 없지 않을까?

바로 그 점 때문에 과학자들이 책임져야 한다는 거야. 과학자들은 알고 있었을 것 아니야. 자신들이 하는 연구가 위험한지 아닌지…….

달리 말하면, 너는 그럼 우리 우주의 운명이 오직 과학자들에게 달렸다는 거야?

내 말이 그런 뜻인가? 잘 모르겠는데…….

'망친 책임'과 '살려 준 기여', 둘 다 있다고 보는 게 옳지 않나?

그렇다면 어쨌든 과학자들에게 모든 운명이 걸려 있다는 말이 되잖아?

잠깐만! 같은 말을 계속 반복하는 것 같아. 이야기를 다시 돌려보자. 그럼, 과학자들 말고는 우리 운명에 책임 있는 파밀리온이 없다는 말이야?

그건 아니겠지…….

그래, 게노의 말을 듣고 보니 좀더 많은 파밀리온의 책임이 있는 것 같아.

난 별로 잘못한 게 없는 것 같은데?

어차피 혼자 사는 세상이 아니잖아. 세상이 뭔가 잘못된 길로 갔을 때는 모두에게 책임이 있기 마련이라고. 작든 크든 정도의 차이는 있겠지만.

게노, 그렇게 혼자서 도사 된 것 같은 발언할 테냐?

미안…….

미안할 것까지야. 사실 지당한 말씀인데, 뭐.

아까는 별로 잘못한 게 없다더니?

게노의 말을 들으니 그 말이 맞는 것 같아서 그래. 난 내 말을 끝까지 고집하는 바보가 아니라고.

좋아, 좋아. 모두에게 책임이 있다고 치자. 그렇다면 그게 대체 누구에게 얼마만큼이냐고?! 난 막연한 느낌을 갖고 말하는 건 딱 질색이야.

흥분하지 마, 아니말로. 아마추어같이 왜 그래? 우리는 바로 그 논의를 이제 막 시작했어. 차근차근 생각해 보자고.

지금까지 나날이 발전하는 과학 덕분에 점점 더 나은 생활을 해 왔으면서, 갑자기 과학이 모든 책임을 져야 한다니 흥분하지 않을 수 있겠어?

과학자가 장래 희망인 너니까, 그럴 수도 있겠지만…….

아니! 과학자가 희망이니까 더더욱 너는 조심스런 태도를 가져야 해!

자, 자. 그 대답은 천천히 생각해 보자니까. 분위기를 바꿔 다른 질문을 해 보자. 아니말로, 그렇다면 너는 과연 뛰어난 과학의 힘으로 우리가 새로운 터전을 마련할 수 있을 거라고 생각해?

쉽지는 않겠지…….

……만 해낼 수 있다, 이거야? 불가능해. 우리는 아주 오랜 세월 동안 우리 별에 최적화된 상태로 진화해 왔다고. 그걸 어떻게 뛰어넘지?

플란토에게 한 표!

일단, 가장 비슷한 환경을 찾아보고…….

안 되는 부분은 비슷하게 만들어 보고?

그래야 되지 않을까? 지금 우리가 그것을 위해 탐사하려는 것 아니야?

일단, 어떤 생물이 살고 있다면 그들과 같이 사는 건 불가능할 것 같아.

왜? 우리의 앞선 기술로 서로 잘 살 수 있는 방법을 찾아보면 되잖아?

앞선 기술력을 가진 쪽이 주도권을 갖겠지. 그럼 결국 다른 한쪽에서는 정복당하는 셈이고.

그게 꼭 나쁜 건가? 우리같이 평화롭고 지혜로운 쪽이 미개한 쪽을 흡수해서 잘 이끌어 주면 그게 더 좋은 거 아니야? 모르긴 해도 우리의 기술력 정도면 얼마든지 행복하게 살 수 있도록 만들어 줄 수 있을 거야.

우리는 좋은 이웃을 찾고 있는 거지, 우리가 정복할 대상을 찾고 있는 게 아니야.

그런데 지구 생명체가 먼저 우리를 공격해 오면 어쩌지?

자기네 별을 찾아올 정도면 이미 자신들의 기술력으로 감당할 수 있는 상대가 아니라는 것쯤은 알아채겠지. 설마, 무모하게 공격해 오겠어?

글쎄, 무식하면 용감하다잖아.

무식하지 않기를 바라는 수밖에……. 휴우~.

누가 진짜
지구의 주인일까?

드디어 지구에 내리다

"드디어 외계 행성에 발을 디뎠네."

플란토가 감격에 찬 목소리로 말하며 주위를 둘러보았다. 그를 닮은 푸른색 생명체가 땅 위에 가득했다. 어느 것은 짧게 바닥에 깔렸고, 또 어느 것은 힘차게 죽죽 뻗어 있었다.

"와, 우리 고향만큼이나 다양한 생명체들이 살고 있나 봐. 땅 속과 땅 위, 허공에서 날아오는 파동들이 장난이 아닌데?"

아니말로도 '다무'를 만지면서 흥분하여 소리쳤다.

"와, 대단해. 짜릿해!"

미네랄로가 소리치자 플란토가 물었다.

"넌 뭐가 느껴지는데? 뭐가 짜릿해?"

"역시 공간 이동기는 언제나 짜릿하다고!"

"뭣이!"

아이들은 미네랄로의 머리를 쥐어박았다. 미네랄로는 방금 전 탐사선 안에서 밖으로 이동할 때의 상황을 이야기한 것이다. 그것은 공간을 한 차원 한 차원 줄여서 순식간에 다른 쪽 공간으로 뛰어넘는 것을 말한다. 말하자면, 보자기를 확 잡아끌 듯이 공간을 잡아당겨 훌쩍 뛰어넘는 것이다.

파밀리오에서는 이 과학 기술이 개발된 뒤 그야말로 세상이 바뀌는 듯했다. 어디든 가고 싶은 곳을 아무런 시간 제약 없이 갈 수 있게 되었기 때문이다. 그러나 워낙 정교하고 복잡한 기술이라 아직은 일상적으로 쓰이지 못하고 있다. 다만, 합의에 의해서 모든 행성 복합체 차원의 중대한 일에만 쓸 수 있었다. 이곳 저곳에서 공간을 잡아당기다가 서로 충돌하게 될 경우, 어떤 일이 발생할지 아직 정확히 예측할 수 없기 때문이다. 아마도 엄청난 우주적 교란이 일어날 것이라고 짐작만 할 뿐이다.

"우리는 지구 환경을 보고 신기해하고 있는데, 넌 아직도 공간 이동의 재미만 이야기하고 있으니 꿀밤을 맞아도 싸다, 싸."

플란토가 고소해하며 미네랄로를 놀리자, 미네랄로는 머쓱해서 머리를 긁었다.

"게노, 괜찮겠어?"

아니말로가 게노에게 묻자 게노는 문제 없다는 표시로 손으로 턱 밑을 왔다 갔다 했다. 아니말로가 고개를 끄덕이며 의욕에 찬 목소리로 말했다.

"게노가 괜찮다니, 이제 우리의 첫 번째 과제를 시작하자."

"첫 번째 과제가 뭐였더라?"

미네랄로가 또 머리를 긁적이며 물었다.

"지구의 주인공을 찾는 거였잖아. 우리랑 서로 소통할 수 있는 주인공!"

플란토가 딱하다는 듯이 고개를 흔들자 미네랄로가 입을 삐죽 내밀며 대꾸했다.

"알고 있어. 너희들이 잊지 않았나 싶어서 확인한 거라고."

"야, 그 오래 된 유머를 아직도 쓰냐?"

미네랄로의 말에 어이없어하면서 플란토가 말했다. 미네랄로는 그저 웃기만 했다. 농담만 하고 있기에는 지구의 경치가 너무나 신기했다.

"우선, 각자 자신의 아모코를 작동시켜서 좀더 많은 영역의 소리를 듣도록 하자."

아니말로가 다무를 만지면서 천천히 한 바퀴 돌았다. '찌직찌직' 하고 복잡한 소리를 내던 다무가 점차 조용해지더니 붉은빛의 회오리와 함께 아름다운 음악이 나직하게 흘러 나왔다.

이어 플란토와 미네랄로도 자신의 키잔과 이푸이푸를 만지면서 한 바퀴씩 돌았다. 역시 복잡한 신호음이 점차 조용해지더니 음악이 흘러 나왔다. 마지막은 게노 차례였다. 모두 긴장된 표정으로 게노를 쳐다보았다. 게노 역시 긴장된 표정이었다. 아직 자신의 잠바로가 최적화되지 않은 상태에서 지구에 내렸기 때문이다. 게노는 천천히 한 바퀴 돌았다. 신호음이 잠잠해지며 음악이 나오는 것 같았다. 모두 기뻐하려는데, 음악에 복잡한 신호음이 섞여 들고 있었다. 게노의 얼굴이 어두워졌다.

"역시, 아직 완전하지 않아……."

"고치고 있는 중이니까 곧 나아지겠지. 너도 이렇게 기운 차리려고 노력하고 있으니 곧 응답이 있을 거야. 우선 되는 것부터 작동시켜 보자."

아니말로가 게노를 위로했다.

식물에게 물어 보니

먼저 플란토가 바로 앞에 서 있는 커다란 초록색 생명체에게 키잔을 내밀었다. 처음에는 아무 소리도 나지 않더니, 이윽고 키잔이 맑고 환한 초록빛 오로라를 발산했다. '소통'에 성공한 것이다.

"얘들아, 안녕. 오래 살다 보니 우리 동족이 아닌 것들과도 말이 통하네. 이게 어떻게 된 일이니?"

가만히 서서 숨쉬고 있던 한 생명체가 수많은 가지를 흔들면서 인사를 건넸다.

아이들은 모두 반가운 나머지 통통 뛰었다. 뛸 때마다 아이들의 발 밑에서 환한 오색의 알갱이들이 바스러지며 퍼져 나갔다.

"너는 누구니? 그리고 여기 빼곡히 서 있는 것들이 모두 너의 동족이니?"

"너희가 이 지구의 주인공이야?"

아니말로와 미네랄로가 한꺼번에 물었다.

"그보다 먼저 깜짝 등장한 너희가 누구인지부터 밝혀야지, 험."

초록색 생명체가 가지를 내리며 새치름하게 말했다. 아이들은 아차 했다. 너무 흥분한 나머지 예의 바르게 행동하지 못한 것이다.

플란토가 헛기침을 하고는 점잖게 말했다.

"우리는 먼 외계에서 날아왔어. 난 플란토, 그리고 아니말로, 미네랄로, 게노라고 해. 넌 누구니?"

아이들이 각자 손가락에서 빛을 튕기며 인사했다.

초록색 생명체가 가볍게 가지를 흔들며 대답했다.

"아, 그렇군. 외계에서 날아왔다고? 그래, 알 것 같아."

"우리를 알 것 같다고?"

아니말로가 눈을 휘둥그레 뜨며 물었다.

"그럼. 밤이 되면 캄캄한 하늘에서 무엇인가 빛을 내며 휙 날아오곤 해. 멀리서 온 친구가 그러는데, 우주에서 날아온 별똥이래. 아, 물론 별의 응가라는 뜻은 아니야. 너희들도 그 별똥들처럼 저 먼 하늘에서 날아온 거란 말이지?"

초록색 생명체가 아는 체를 했다. 아이들은 좀더 자세히 설명을 해 줄까 하다가 그만두기로 했다. 초록색 생명체가 워낙 자부심 가득한 표정을 짓고 있었기 때문이다. 혹시 더 많은 것을 알려 주면 자신이 알고 있던 것이 보잘것없는 것으로 느껴져 슬퍼질 수도 있었다.

"아, 그것과 비슷하다고 할 수 있지. 그나저나 너는 누구니?"

플란토가 다시 물었다.

초록색 생명체가 대답 대신 허리를 쫙 펴며 물었다.

"그런데 여긴 왜 온 거야?"

초록색 생명체는 아마 궁금한 게 많은 모양이었다. 그보다는 오랜만에 말이 통하는 친구들을 만나서 좀 흥분한 것도 같았다.

"우리는 이곳 저곳을 탐사하고 있어. 우주 안의 좋은 동네를 찾아 돌아다니고 있다고 생각하면 될 거야. 여기 지구도 살 만한 좋은 곳인지 알아 보려고 온 거야. 우선은 지구를 대표할 수 있는 주인공을 만나서 이야기를 나누어 보려고 해."

플란토가 조곤조곤 대답해 주었다.

초록색 생명체는 고개를 갸우뚱했다.

"글쎄……. 뭐라고 대답하기 어려운 과제구나. 언제나 자신이 살던 곳이 제일 좋은 곳이 아닌가……. 그래서 우리는 태어난 곳에서 쭈욱 살아. 너희는 왜 다른 곳을 찾지?"

"그건……, 좀 사정이 생겨서 그래."

게노가 우울한 목소리로 말했다. 초록색 생명체는 좀 미안했는지 가지를 살짝 내려뜨렸다.

"그런데 너는 누구니? 네가 지구의 주인공이니?"

아니말로가 분위기를 띄우듯 씩씩하게 물었다.

초록색 생명체가 금세 밝은 표정을 지으며 대답했다.

"글쎄, 보기에 따라서는 그렇게 말할 수도 있겠지. 내 소개부터 할게. 안녕, 내 이름은 '길쭉이'야. 난 '나무'라는 족속인데, 우리는 '식물'에 속해. 여기 있는 아이들 모두가 나처럼 식물 종족이야. '나무'족도 있고, '풀'족도 있고, '이끼'족도 있지. 모양은 달라도 우리는 모두 한 자리에 뿌리박고 살면서 물기와 햇빛을 받으며 성장한단다. 물론 오래 사는 애들도 있고, 일찍 사라지는 애들도 있어. 모두들 그렇게 살면서 우리 종족이 될 씨앗을 만들어 퍼뜨리는 거야. 그게 우리가 사는 방식이야."

"죽을 때까지 한 자리에 서 있단 말이야?"

게노가 좀 측은하다는 듯이 물었다.

길쭉이는 어험 하고 몸을 살짝 떨더니 조금은 거만한 목소리로 대답했다.

"무엇 때문에 힘들게 돌아다녀? 우리는 우리 잎사귀 속에 엽록소라는 공장을 가지고 있단다. 그 곳에서 뿌리에서 빨아올린 물과 대기 중의 이산화탄소를 사용해 햇빛 에너지를 스스로 사용할 수 있는 에너지 형태로 변환시키거든. 좀 어렵게 들리겠지만 '당' 같은 유기물을 스스로 만들어 낸다 이거야. 그러니 힘들게 돌아다닐 필요가 없다 이 말씀이지. 싸돌아다니는 것은 스스로 에너지를 만들지 못하고, 우리가 만들어 주는 것에 빌붙어 사는 저질의 족속들이나 하는 짓이야."

"너희에게 빌붙어 사는 족속?"

게노가 놀라며 다시 물었다.

"그래. '동물'이라는 족속이 바로 그것들이야. 지구에서 우리 말고는 스스로 에너지를 만들 수 있는 생명체가 없어. 그러니 살기 위해서는 부지런히 돌아다니면서 우리들을 찾아 먹어야 해."

"너희가 누군가에게 먹힌다고?"

플란토가 애처롭다는 듯이 묻자, 길쭉이가 조금 어두운 표정으로 대답했다.

"우리를 먹는다는 말은 바로 우리가 만들어 놓은 에너지를 먹고 산다는 이야기야. 우리에게 에너지를 구걸해서 먹어야 살 수 있기 때문에 힘들게 돌아다녀야 하는 운명의 생명체가 바로 '동물'이라는 거지. 예를 들어서 설명해 줄게. 여기 내 잎사귀를 갉아먹는 것들이 보이지? 벌레들이야. 얘들은 결국 우리가 만들어 놓은 에너지를 먹고 사는 셈이지. 이 벌레들은 다른 짐승의 먹이가 되고, 그 짐승은 또 다른 짐승의 먹이가 된단다."

과연 길쭉이가 말하는 사이에도 잎사귀를 갉아먹던 벌레가 자그마한 날짐승에게 잡아먹히는 것을 볼 수 있었다. 아이들은 고개를 맞대고 꼬물꼬물 기어가는 벌레들을 관찰했다. 길쭉이가 긴 가지를 흔들어 먼 곳을 가리키며 말을 이었다.

"저기 내 친구의 열매를 오물오물 먹고 있는 목이 긴 알록달록한 애가 보이지? 기린이라고 하는데, 사자라는 친구의 먹잇감이기도 해. 사자는 머리가 크고 허리가 잘록한데 힘이 엄청 세. 참고로 말하자면 딱 내 취향이지. 험, 험. 아무튼 사자는 기린 같은 먹잇감이 없으면 죽고, 기린 같은 애들은 나뭇잎이나 열매가 없으면 죽게 된단다. 그러니 처음부터 따져 보면 사자는 결국 우리 식물이 없으면 살 수가 없어. 다른 모든 것들도 마찬가지야. 애초에 처음 양분이 되는 우리 식물이 없었다면, 그 이후 동물의 세계는 아예 생겨날 수도 없었던 거지."

"와, 대단하구나."

플란토가 감탄했다. 길쭉이는 우쭐해져서는 한껏 가지를 벌렸다. 후텁지근한 바람이지만 기분을 좋게 해 주는 한 줄기 바람이 불어와 길쭉이를 휘감고 지나갔다.

길쭉이는 가지 사이사이로 스치는 바람을 살짝 털며 다시 말을 이었다.

"한 가지 더 중요한 사실이 있어. 만약 우리가 없어진다면 동물들은 굶어 죽기 전에 먼저 숨을 쉬지 못해서 죽게 된다는 거지."

"와, 너희가 공기까지 만들어 주는 거야?"

아니말로가 눈을 동그랗게 뜨며 물었다.

"뭐, 지구 대기라는 게 있기는 하지만, 우리 식물들이 숨을 쉬면서 만들어 주는 산소가 없으면 동물들은 살 수가 없어."

"그걸 여기 있는 너희가 다 만들어 준단 말이지?"

"우리는 식구가 아주 많아. 바다에 사는 아이들도 있어. 우리들은 지구 대기 중의 이산화탄소를 흡수해서 우리 몸 안에 가두고, 대신 산소를 내뿜어 주거든. 그 덕분에 동물들은 제대로 숨을 쉬며 살 수 있는 거야."

길쭉이는 계속 우쭐해했다.

아이들은 그가 우쭐할 만도 하다고 생각했다. 아주 오래 전 자신들의 행성복합체인 '파밀리오' 인들의 조상도 몸 속에 우주 에너지를 합성해서 저장하고 이용하는 일종의 '자가 발전체'를 지니고 있었다. 그러나 그 자가 발전체는 알 수 없는 이유로 자꾸만 약해져 갔다. 지금은 주기적으로 특수 배양된 자가 발전체를 보충해 주어야만 살아갈 수 있다.

자신들도 간직하기 힘들었던 기능을 여기 지구의 식물들이 여전히 가지고 있었다. 더구나 그것을 능력 없는 동물들에게 먹이로 제

공하기도 한다니 놀랍고 부러운 일이었다. 게다가 그저 숨을 쉬는 것까지도 동물들에게 좋은 공기를 제공하는 일이 된다니. 식물들은 참으로 넉넉하고 착한 마음씨를 가진 존경스러운 존재가 아닐 수 없었다.

"그럼 너희들 식물이 바로 지구의 주인공이겠구나."

플란토가 손을 나뭇가지로 조심스레 가져가며 말했다.

길쭉이는 얕은 헛기침을 하며 말했다.

"뭐, 그렇게 볼 수 있지. 우리가 없었다면 지구의 생태계는 아예 존재할 수 없었을 테니까."

이 때 갑자기 옆에 서 있던 뚱뚱한 나무가 가지를 하늘 위로 뻗으면서 소리쳤다.

"그런 것도 모르고 우리를 함부로 취급하는 아주 나쁜 동물들이 있어!"

아이들은 그 나무의 화난 목소리에 깜짝 놀랐다. 게노는 너무 놀라 털썩 주저앉기까지 했다. 다행히 촉촉하고 푹신한 이끼 더미 위로 주저앉아 엉덩이가 아프지는 않았다. 오히려 그 느낌이 너무 좋아 게노는 이끼에게 인사를 하고는 계속 앉아 있기로 했다.

"아, 미안! '푸짐이' 이 친구는 흥분을 잘 하거든. 뱀에게도 얼마나 고약하게 구는지……."

길쭉이가 대신 사과했다.

"너야 취향이 독특해서 차갑고 축축한 뱀이 네 몸을 기어오르는 게 좋을지 몰라도, 난 아주 간질간질하고 기분이 이상하다니까."

푸짐이라는 나무가 가지를 부르르 떨면서 퉁명스레 대꾸했다.

"그렇다고 여유롭게 천천히 기어오르는 뱀을 일부러 땅바닥에 툭 떨어뜨리니?"

"그러는 너는 그 착한 나무늘보를 왜 떨어뜨렸는데?"

길쭉이가 쏘아붙이자 푸짐이도 맞받아쳤다. 아이들은 나쁜 동물이 있다는 말에 놀랐던 것도 잊은 채 쿡쿡 웃었다.

"그거야 나무늘보가 워낙 오래 매달려 있으니까……. 그건 그렇고 우리가 무슨 이야기를 하고 있었지?"

길쭉이가 기분을 가라앉히고 물었다.

"고마워하기는커녕 우리를 함부로 취급하는 고약한 족속들에 대해 이야기하려고 했잖아."

푸짐이가 길쭉이에게 핀잔을 주며 대꾸했다.

아니말로와 미네랄로가 의아해하면서 물었다.

"너희들이 없으면 먹을 수도, 숨을 쉴 수도 없다면서 어떻게 너희들을 함부로 대한단 말이야?"

"오히려 너무 고마워해야 하는 것 아니야?"

길쭉이와 푸짐이가 가지를 내려뜨리며 한숨을 쉬었다.

"그러게 말이야. 다른 동물들은 우리의 뿌리와 몸통, 가지 사이에 둥지를 틀거나 집을 짓고 살지만 우리를 해치지는 않아."

"간혹 수달이 우리 가지를 가져다가 댐 공사를 하기는 하지만."

푸짐이가 길쭉이의 말에 참견을 했지만, 길쭉이는 모른 체하며 다시 말을 이었다.

"동물들은 우리 열매를 먹고는 그 씨앗을 여기저기에 퍼뜨려 준단다. 그래서 우리들은 먼 곳까지 자손을 퍼뜨릴 수 있어. 게다가……."

길쭉이가 갑자기 말을 멈추었다. 무엇인가 알 수 없는 것이 허공에서 떨어졌기 때문이다. 거무튀튀하고 물컹한 것이 길쭉이의 뿌리 쪽에 질퍼덕하니 떨어졌다.

"음……, 이렇게 우리에게 꼭 필요한 양분을 주기도 하지."

길쭉이가 점잖게 말했다.

"이게 그렇게 좋은 거야?"

아니말로가 미처 말릴 새도 없이 손가락으로 물컹한 것을 쿡 찌르며 물었다. 길쭉이의 흔들리던 가지가 멈칫했다. 푸짐이가 슬쩍 웃었다. 길쭉이가 푸짐이를 살짝 흘기며 말했다.

"……음, 그건 똥이라는 건데 우리에게는 아주 좋은 먹이야. 결국 우리는 서로 주고받는 것이 있다는 말이지. 뭐, 우리가 훨씬 더 많은 것을 주지만 말이야."

"그런데도 누군가가 너희들을 함부로 대한다는 말이야?"

"도대체 그렇게 염치없는 족속이 누구야?"

아니말로와 미네랄로가 흥분하여 한마디씩 했다.

푸짐이가 무거운 몸을 흔들자 웅 하는 소리와 함께 푸짐이의 화난 목소리가 튀어나왔다.

"저기 도시라는 곳으로 가면 무엇이든 자신들이 만들 수 있다고 생각하는 아주 웃기는 종족들이 살고 있어. 그들은 너무 위험해."

"얼마나 위험한지 서로가 서로에게조차 위험한 존재라니까."

길쭉이가 말을 보태자, 푸짐이가 말을 이었다.

"그들은 자신들이 이 지구의 주인인 양 행세하고 있어. 그러면서 하는 일이라곤 마구 없애고 죽이는 일뿐이야. 쉴새없이 죽어라 무엇인가를 만들고 부수고, 또 만들고 부수고, 또 만들고 폭파하고, 또 만들고 허물고⋯⋯."

푸짐이는 숨이 찬 듯 말을 멈췄다.

"그렇게 하지 못하게 위협해 보지 그랬어? 숨을 쉬지 못하게 만들면 정신 차리지 않을까?"

아니말로가 화난 목소리로 이야기하며 주먹을 불끈 쥐었다. 주먹에서 새빨간 빛이 불쑥불쑥 삐져나왔다. 몹시 화가 난 모양이다.

길쭉이는 고개를 흔들며 한숨을 쉬었다.

"그러게 말이야. 그 족속들은 우리가 없으면 금세 죽지만, 우리는 그것들이 없어도 잘 살 수 있거든. 그렇다고 그것들이 죽기를 바라서 우리들이 산소를 내뿜어 주지 않을 수는 없어. 이산화탄소를 마시고 산소를 내뿜는 게 우리들의 호흡이니까. 그렇다고 자기네들의 생존에 결정적인 우리들의 은혜를 모른 체하는 건 너무해."

길쭉이의 말이 끝나자 푸짐이가 콧방귀를 뀌면서 비웃었다.

"흥! 우리가 나서서 응징하지 않아도 스스로 파멸의 길로 가고 있어. 다만, 문제는 자신들만 죽는 게 아니라 우리에게까지 피해를 준다는 거지."

"그건 또 무슨 소리야?"

게노가 걱정스러운 표정으로 물었다. 게노는 아까부터 아예 이끼 더미에 비스듬히 누워 있었는데, 몸 상태가 한결 나아진 것 같았다.

푸짐이가 흥분한 듯 목소리를 높였다.

"길을 내고 밭을 만들고 건물을 짓는다고 숲을 마구 파헤치고 불을 질러 없애고 있거든. 또 젓가락을 만들고 종이를 만든다고 나무를 마구 베어 가기도 하고. 그렇게 해서 해마다 엄청난 면적의 숲이 없어지고 있어. 겁도 없이 숲을 없애고 있으니 결과는 불을 보듯 뻔해. 머지않아 큰 고생을 하게 될 거야."

이어 길쭉이도 가지를 뻗쳐 올리며 말했다.

"우리 아마존 밀림만 해도 워낙 많은 산소를 풍부하게 만들어 주니까 지구의 허파니 뭐니 하며 떠들어 대잖아. 그러면서도 그 허파를 태워 없애고 있으니, 정말 어리석은 족속들 아니겠어? 자기네 기술력으로 산소를 만들어 낼 수 있다고 믿는 건지⋯⋯. 그럼 이산화

49

탄소를 가두는 건 어찌 하시려나? 수십억 년 동안 만들어 온 대기를 그 하찮은 기술력으로 조절해 낼 수 있을까?"

푸짐이가 다시 말을 이었다.

"지구의 허리쯤 되는 적도 부근에는 아마존 밀림을 포함한 열대우림이라는 게 있어. 이 열대우림은 생명의 보물 창고라고 할 수 있지. 면적은 지구 땅덩이의 10분의 1 정도이지만, 자라고 있는 식물의 종류는 10만 종이 넘는다고 해. 그러니 그 곳에 살고 있는 동물은 또 얼마나 많겠어. 아마존 밀림에만 지구에 살고 있는 생물의 반이상의 종류가 살고 있다는데."

"그렇게나 많이?"

플란토가 놀란 듯 자리에서 통통 뛰며 물었다. 푸짐이가 가지를 살짝 흔들며 대답했다.

"어떤 과학자는 곤충류만 1천만 종이 넘는다고 밝히기도 했어. 연구하면 할수록 그 숫자는 점점 더 많아질 거야. 굳이 우리 때문에 먹고 숨쉴 수 있는 일이 아니더라도, 이렇게 지구 생명의 보금자리인 우리를 무시하면 안 되는 거지."

"분명한 것은 우리는 그 족속들이 없어도 잘 살 수 있어. 아니, 오히려 그들이 없어야 훨씬 더 잘 살 수 있지만, 그들은 우리가 없으면 살 수 없다는 사실이야. 그들이 아무리 이것저것 잘 만드는 재주가 있다고 해도 죽었다 깨어나도 우리가 하는 일을 대신할 수 있는 것을 만들지는 못할 거야."

푸짐이와 길쭉이의 말이 끝나자 플란토가 초록색 머리카락을 쥐어뜯으며 화난 표정을 지으며 말했다.

"지금 당장 그 족속들을 찾아가 보자. 왜 그렇게 어리석은지 가서 따져 보자고."

"그래. 당장 가서 식물들의 항의를 전하는 거야."

아니말로가 주먹을 불끈 쥐며 동참했다. 미네랄로가 주위를 두리번거리며 어디로 가야 하는지를 물었다. 그러자 길쭉이가 가지 하나를 길게 뻗으며 무엇인가 말하려는데, 갑자기 하늘이 컴컴해지더니 굵은 빗줄기가 쏟아지기 시작했다.

"어라, 떼를 지어 우리를 공격하는 얘들은 뭐지?"

아니말로가 머리를 감싸며 당황해서 물었다.

푸짐이가 가지를 흔들며 웃었다.

"하하, 공격하는 게 아니야. 이건 비야. 비도 몰라? 물이라고, 물. 우리에게 아주 고마운 물."

"아하, 아까 네가 말했던 물?"

미네랄로가 머리를 닦으며 물었다. 푸짐이가 자기 밑으로 들어와 비를 피하라고 가지를 펼쳐 주었다.

"비가 그치면 그 염치없는 족속들을 찾아가 봐. 금방 그칠 거야. 저쪽에 흰 연기가 났던 곳 있지? 저런 짓을 저지르는 이들은 그 족속밖에 없어. 아마 말은 전혀 통하지 않을 거야."

길쭉이가 가리키는 쪽을 보니 한 줄기 흰 연기가 사그라지고 있었다. 아이들은 굳은 표정으로 고개를 끄덕였다.

정말 비는 금세 그쳤고, 아이들은 나무들과 작별 인사를 나눴다. 나무들이 비를 털기 위해 가지를 살포시 흔들자 빗방울이 반짝이며 떨어졌다.

생명이란 뭘까?

숲을 벗어나자 나무가 좀 듬성듬성한 초원 지대가 보였다.

"여기도 반짝이는 것들이 많이 있네. 나는 반짝이는 것들이 마음에 들어."

미네랄로가 숲 쪽을 돌아보며 손가락을 튕겼다. 손가락 끝에서 거품이 일듯 작은 빛이 떠올랐다.

"나무들 말대로라면 몹시 불쾌한 만남이 될 수도 있어. 미리 조심하자."

플란토가 신중한 표정으로 말했다.

"저기 흰 연기가 나던 곳으로 가려면 먼저 이것을 넘어가야 하는데, 뭐가 이렇게 길어?"

아니말로가 손가락으로 가리킨 곳에는 굵고 반짝이며, 길게 이어져 출렁이는 것이 아우성치며 지나고 있었다.

"미네랄로, 네 이푸이푸 신호가 강해지고 있어. 아무래도 이 긴 것은 이푸이푸와 소통할 수 있는 주파수를 갖고 있는 것 같아."

플란토의 말에 모두 미네랄로의 이푸이푸를 쳐다보니 과연 파란 빛을 내고 있었다. 그런데 미네랄로가 이푸이푸를 높이 들어올려 이리저리 방향을 바꾸어 보아도 파동은 쉽게 감지되지 않았다. 한참 만에 이푸이푸는 검푸른 빛의 덩어리가 되어서는 육면체가 되었다가 다시 팔면체에서 원뿔이 되는 등 형태를 복잡하게 바꾸었다.

"아! 소통할 수 있는 생명체가 아니었구나."

게노가 외쳤다. 그 빛과 형태는 소통하고 대화할 수 있는 생명체가 아닐 때 나타나는 반응이었다. 이런 경우 이푸이푸가 상대 물체를 대신해서 대화를 나눌 수 있게 도와 준다.

"안녕, 이푸이푸. 저 긴 것이 무엇이지?"

미네랄로가 이푸이푸에게 물었다.

"안녕, 친구들. 저것은 생명체가 아니야. 물론, 이 곳 지구 생명체를 구성하는 주요 성분으로, 그 속에 많은 생명체를 품고 있기는 하지만 말이야."

이푸이푸가 대답했다.

"그게 도대체 뭐야?"

아니말로가 답답하다는 듯이 물었다.

"물이 모인 거야. 좀전에 내린 빗물이 모여서 작은 시내가 생긴 거지."

이푸이푸가 찬찬히 답했다.

"아, 생명체가 아니라면 지금 우리가 찾고 있는 지구의 주인공과는 상관이 없는 거로구나."

미네랄로가 말했다.

이푸이푸가 한 바퀴 핑그르르 돌더니 물 속으로 풍덩 들어갔다가 솟아오르며 대답했다.

"꼭 그렇다고 말할 수는 없어. 물은 지구가 생겨나면서부터 수증기로 존재하다가 약 5억 년 정도부터는 지표에 쏟아져 내려 원시 바다를 이루었거든. 최초의 생명 탄생은 40억 년 전쯤 바다 속에서 시작되었을 거라고 추측하고 있어. 그러니까 물이야말로 지구 생명의 역사를 지켜본 존재야. 아마 지구의 주인공을 찾는 데 도움이 될 거야."

"가만, 가만. 몇억 년, 몇억 년 하는데 그게 뭐야? 혹시 우리 행성
계의 '촘촘'을 말하는 거야?"

아니말로가 손을 내저으며 물었다. '촘촘'은 아이들 행성계에서
공통으로 쓰는 시간 단위의 하나이다. 이것은 파밀리오 전체가 중
심 항성인 '촘'을 한 바퀴 도는 시간을 말한다.

"그래. 여기는 태양계이니까 지구가 태양을 한 바퀴 도는 시간이
1년이야. 우리식으로 계산하면 1촘촘이지."

이푸이푸가 대답했다.

아니말로가 고개를 끄덕이며 말했다.

"그러니까 지구는 태양을 45억 번 돌았구나. 우리 행성 '비비'는
270억 번 돌았는데……."

"그럼 지구는 우리 행성보다 한참 애기라는 거야?"

미네랄로가 고개를 갸웃거리며 물었다.

"아니지. 우리 행성의 시간과 지구의 시간은 같지 않아."

플란토가 손을 내저으며 말을 이었다.

"그보다는 우선 물에게 지구 생명이 어떻게 생겨났는지 물어 보
자. 아까 나무는 자기들 덕에 동물이 생겨났다고 하던데……."

"나무가 말한 고약한 족속은 언제 찾으러 가고?"

아니말로가 물었다.

"고약한 족속을 만나기 전에 생명에 대한 정보를 미리 알고 가면
더 좋을 거야. 교만한 족속이라니까 우리도 준비를 좀 해야 하지 않
을까?"

게노가 말을 마친 후 허리를 숙였다. 게노의 보라색 잠바로에서 불안전한 신호음이 들려 왔다. 다시 몸 상태가 나빠지는 모양이었다. 걱정하는 친구들에게 게노는 미소를 지어 보였다.

"이푸이푸, 그러니까 지구의 생명체는 어떻게 생겨난 거냐고?"

미네랄로가 다시 묻자, 이푸이푸는 하얀 물보라를 흩날리며 대답했다.

"40억 년 전쯤 전기 폭풍이 몰아치고 번갯불이 번쩍이는 지구의 뜨거운 바다 속에서는 놀랄 만한 일이 벌어졌어. 어떤 덩어리가 생기고 그 덩어리는 자기 복제를 할 수 있게 된 거야. 박테리아와 같은 그 덩어리들이 바로 지구 최초의 생명체였어. 그러다가 약 10억 년 정도가 흐르자 그 박테리아 가운데 광합성을 스스로 하게 된 것들이 생겨났지. 그것들이 활발히 산소를 만들면서 지구 대기에는 산소가 풍부해지게 되었어. 여기서부터 식물과 동물이 분리되어 분화하기 시작한 거야. 6억 년 전쯤 되어서 그 동안 대기 중에 쌓인 산소 덕분에 오존층이라는 게 생겨 비로소 생물이 육지로 올라오기 시작했어. 왜냐하면 오존층이 생기기 전까지는 태양에서 방출하는 강한 자외선 때문에 생물이 살 수 없었거든. 그 다음부터는 복잡하게 분화되어 지금 너희들 눈앞에 보이는 생물들이 생기게 된 거야. 휴우."

이푸이푸는 긴 설명을 끝내고 한숨을 쉬었다.

"그러니까 결국 지구 생명은 식물이든 동물이든 하나의 조상에서 갈라져 나온 거라는 이야기이네."

플란토가 이푸이푸를 어깨 위에 올려놓고 쓰다듬으며 말했다.

"그래. 식물과 동물은 한 생명체에서 출발했고, '살고 있다' 는 점에서는 결국 같은 존재라고 할 수 있어. 우리도 마찬가지이지만 지구에서도 생명은 먹이를 먹으며 형태를 유지하고, 또 자손을 퍼뜨리며 죽어 가지."

이푸이푸가 플란토의 머리카락을 흩날리며 말했다.

"그럼, 지구 생명도 우리처럼 생명 정보를 갖고 복제하는 거야?"

아니말로가 눈을 반짝이며 물었다.

"그렇지. 어떤 생물이든 모두 생명 정보에 따라 자기 몸을 만들고 유지하며 살다가 자손을 복제하고는 죽기 마련이야. 그 자손에 고스란히 자신의 생명 정보가 복제되어 실리는 거지. 그 과정에서 조금씩 더해지기도 하고, 조금씩 없어지고 변하기도 했겠지. 그렇게 지구에서 수십억 년 동안 생명이 유지되어 온 거야. 그 생명 정보를 여기에서는 '디엔에이(DNA)' 라고 한다는군……."

이푸이푸가 '이중 나선' 모양으로 꼬인 게노의 머리 돌기를 가리켰다. 사다리가 꼬인 듯한 모양의 디엔에이는 '염색체' 에 들어 있는 물질로, 이렇게 이중 나선으로 꼬여 있다고 했다. 설명을 마친 이푸이푸는 조금 거만한 태도로 피곤하다면서 빛을 거두고는 미네랄로의 어깨 위로 돌아가 앉았다.

"그렇다면 우리처럼 지구 생명의 생명 정보도 암호화한 긴 데이터로 풀 수 있다는 말이잖아?"

아니말로가 고개를 갸웃하며 물었다.

"우리도 그 부분은 완벽하지 않잖아. 해독이 완벽하게 되었다고 생각했지만, 복제 과정에서 너무나 많은 문제가 생기고 말았어."

플란토가 말했다.

"그 계기를 통해 우리가 결코 완벽하게 해독하지 못했다는 것을 알게 되었고……."

게노가 우울한 목소리로 이어 말했다.

"그래서 생명은 여전히 흥미진진하고 재미있는 거지! 난 그 사실이 고마운걸?"

미네랄로가 유쾌한 목소리로 말했다. 그 말에 모두 기분이 좋아졌다.

아니말로가 축 처진 게노의 어깨를 치켜올리며 말했다.

"자, 이제 동물 쪽 이야기도 좀 들어 봐야겠지? 지구 생명들과 함께 살아가려면 한쪽 이야기만 들어서는 안 되잖아."

"그래. 일단 식물 쪽은 지구의 주인공이든 아니든 안심해도 되는 존재 같아. 워낙 희생 정신도 투철하고, 생명력도 강하고, 크게 남을 괴롭히지도 않을 것 같고 말이야."

플란토가 나뭇잎으로 부채를 만들어 흔들면서 말했다.

"그렇기는 하지만 이야기를 더 들어 봐야지. 아까 나무 이야기로는 '고약한 족속'과 심하게 대립하고 있는 것 같던데."

미네랄로가 뜨악한 표정으로 말했다.

"아참, 고약한 족속!"

아니말로가 외쳤다.

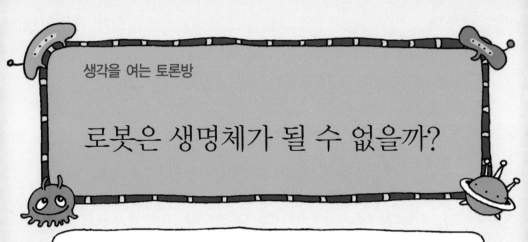

로봇은 생명체가 될 수 없을까?

지구에서는 무엇을 보고 '생물'이라고 하는 거지? 무엇을 보고 '살아 있다'고 하는 걸까? 단순히 움직이는 것만 가지고 하는 말은 아니겠지?

태어나서 에너지를 섭취하거나 만들어서 몸을 유지하고, 자손을 만들고 죽는 게 생명 아닐까? 우리 파밀리온들도 그렇잖아.

꼭 죽어야 해? 왠지 서글퍼지네. 죽는 게 생명의 본질에 속한다니…….

대신 자기 복제품이나, 자손을 남기잖아.

그렇다면 진화의 과정을 거꾸로 되짚어 올라가면 단 하나의 생명체에 도달하겠지? 그럼, 지금 모든 지구 생명의 조상은 단 하나였다는 말이잖아?

지구의 입장에서 볼 때, 오직 한 가지 방식의 생명밖에 없다는 거겠지?

모든 정보를 유전자에다 새기고, 그 정보대로 복제하고, 그리고 사라지는 방식의 생명 말이지?

그러니까 그 유전 정보, 그 데이터를 다 읽어 내고 해석할 수 있다면 생명에 대해서 모든 것을 알 수 있다는 말이 되겠네?

아니말로, 넌 항상 좀 성급해. 데이터를 다 읽는다고 모든 것을 알게 되는 건 아닐 거야. 생명은 신비한 거라고.

플란토, 너야말로 신비한 거 너무 좋아하지 마. 예전에는 몰라서 신비했던 것도 과학적으로 밝혀지고 해명된 게 얼마나 많은데 그래. 생명의 본질이 유전 정보라고 알게 된 이상, 지구 생명의 비밀이 모두 밝혀지는 것은 시간 문제라고.

그래? 그렇다면 생명은 로봇이나 복제 파밀리온과 뭐가 달라?

다르지 않아. 데이터에 모든 정보가 들어 있고, 그것을 복제한 것이 생명이라면 다를 게 없지 않니? 우리 별의 로봇이나 복제 파밀리온들도 생명체처럼 생각하고 학습도 하며, 에너지를 쓰면서 살잖아.

게다가 감정도 있는 것 같고?

하하하! 너, 작년에는 편식 문제로 요리사 로봇과 싸우기까지 했다며?

내가 비록 과학을 높이 평가하기는 해도 우리가 만든 것을 생명체라고까지 할 수는 없어. 그들이 생각하거나 감정이 있는 듯해 보이는 것은 모두 그렇게 반응하도록 프로그램이 입력되어서 그런 거니까.

우리도 '이럴 땐 우리한테 유리한 거니까 좋아해야 한다', '이럴 땐 불리한 거니까 싫어해라'와 같이 학습된 게 쌓이고 쌓여서 감정이 된 거야.

미네랄로 말은 우리가 가지고 있는 감정과 로봇이나 복제 파밀리온들이 가지고 있는 감정이랑 똑같다는 거야?

그걸 어떻게 구분하지? 뭐가 다른데?

생명을 흉내내고 있지만 생명은 아니지. 생명은 생각과 몸이 한순간도 멈추지 않고 변하고 있어. 조금 전의 나와 지금의 내가 똑같지 않아. 그런데 로봇이나 복제 파밀리온들은 언제나 똑같잖아. 비록 학습을 통해 다른 대답을 내놓기는 해도.

🐛 똑같지 않으면 고장난 거라는 말이지?

🐛 하나의 개체뿐만 아니라 생명체 전체도 변해 왔어. 실수로 인한 돌연변이, 선택이나 적응을 하면서 진화해 온 게 바로 변화이지. 만약 로봇이나 복제 파밀리온이 실수한다면, 그건 실수가 아니야. 단지, 프로그램을 성실히 수행한 것일 뿐이야. 실수하는 척 위장할 수는 있겠지.

🐛 마찬가지라니까. 돌연변이도 뭔가 원인이 있어야 하잖아. 회로의 접촉 과정에서 문제가 생기거나, 외부의 영향으로 계산이 잘못되는 것을 실수라고 한다면, 생명체의 실수나 기계의 실수가 다를 게 뭐가 있겠어?

🐛 윽, 말문이 막힌다. 뭔가 억울하다…….

🐛 아니말로, 장렬히 전사한 거냐?

🐛 윽, 게노. 입 다물고만 있지 말고 좀 도와줘…….

🐛 이것을 생각해 보자. 로봇이나 복제 파밀리온은 우리 파밀리온이 만들어 낸 거지?

🐛 그렇지.

🐛 그럼, 우리는 우리 자신의 능력을 넘어서는 것을 만들어 낼 수는 없겠지?

🐛 뭐……, 그렇겠……지.

🐛 그런데 우리가 생명에 관해 모든 것을 알고 있다고 말할 수 있을까? 유전 정보를 풀었다고 해서 그 의미가 무엇인지, 왜 그렇게 되는지를 다 알아 냈다고 할 수는 없지?

🐛 게노, 잘한다. 브라보!

아하! 그러니까 게노 말은 우리가 최고의 기술로 우리와 비슷한 것을 아무리 만들어도 우리는 우리가 아는 수준까지밖에 만들지 못한다. 그러니까 로봇이나 복제 파밀리온을 우리가 만들어 낸 이상 생명체는 죽었다 깨어나도 안 된다, 이거지? 우리는 아직 생명에 관해 완전히 알지 못하니까 말이야.

토론은 끝난 것 같은데, 미네랄로?

글쎄, 게노 말이 맞는 것 같기는 한데…….

문제가 아직도 남았어?

난, 아무래도 넓게 보면 같은 거 같아.

그러니까 넓게 보지 마!

맞았어! 그렇게 헛갈리지 않게 하려고 우리 파밀리오에서는 우리 자신과 똑같이 생긴 로봇이나 복제 파밀리온은 만들지 못하게 되어 있잖아?

그럼, 우리는 로봇에게는 예의를 갖추지 않아도 되는 건가? 상대가 감정도 생각도 있는 것같이 행동하는데, 어떻게 예의를 갖추지 않을 수 있지?

이러지 말고 우리 학습 도우미 파밀리온에게 너는 생명이라고 생각하느냐고 물어 보는 건 어때?

ㅋㅋ. 예의를 갖춰서 말이지?

아, 몰라 몰라. 왠지 로봇들이 너무 똑똑해지면 곤란하겠다는 생각이 마구 드는데!

사실, 나도 동감이야.

동물에게 물어 보니

"쟤들이 설마 고약한 족속은 아니겠지?"

미네랄로가 물가를 가리키며 싱글거렸다.

아이들이 미네랄로가 가리킨 곳을 보니 뚱뚱하고 귀엽게 생긴 동물이 천천히 물을 마시고 있었다. 그 옆에서는 넓적하고 울퉁불퉁한 가죽을 가진 동물이 물 속에 몸을 담갔다. 하늘에서 날아와 기다란 부리로 물을 마시는 것들도 있었다. 순간 빨갛고 작은 동물이 게노의 어깨 위로 뛰어올라와 앉았다. 플란토가 손을 뻗어 털어 내려고 하자 게노가 말렸다. 빨간 동물은 게노의 어깨 위에 얌전히 앉아 있었다.

"아니말로, 네 차례인 것 같아."

게노가 어깨 위에 앉아 있는 동물이 미끄러질까 봐 어색한 차렷 자세로 서서 아니말로의 가슴 부근을 가리켰다. 아니말로의 '다무'가 환하게 빛을 내고 있었다. 아니말로가 동물들을 향해 다무를 꺼내 들었다. 동물들은 물을 마시다 말고 다무의 붉은빛을 흘깃 쳐다보았다. 아니말로는 다무의 빛이 빙글빙글 돌기 시작하는 것을 확인한 후 다시 다무를 가슴에 붙이고는 동물들에게 인사를 건넸다.

"안녕! 우리는 너희의 지구를 방문한 외계의 아이들이야. 만나서 반가워."

"흥, 우리의 지구라고? 지구를 독차지하려는 못된 족속들은 그렇게 생각하지 않을걸."

넓적한 동물이 커다란 입을 쩍 벌리며 퉁명스레 내뱉었다.

"악어야, 첫인사를 그렇게 고약하게 하면 어떻게 해? 얘들아, 반가워. 나는 하마야."

하마가 악어에게 핀잔을 주며 인사했다.

"나는 학이라네."

긴 다리와 긴 목을 가진 학이 우아하게 인사했다.

"나는 독화살개구리야."

게노의 어깨 위에서 아주 작은 목소리가 들렸다. 게노가 독화살개구리를 쓰다듬으려고 손을 올리는 순간 학이 날개를 우아하게 펼치면서 주의를 주었다.

"조심해. 그 개구리에게는 독이 있어."

"괜찮아. 우리에게는 단단한 방어막이 있거든."

게노가 미소지으며 대답했다. 독화살개구리가 학을 향해 약을 올리듯이 긴 혀를 내밀었다. 학은 못 본 체했다. 외계 아이들 앞이라 계속 우아하게 있고 싶은 모양이었다.

"그런데 아까 너희의 지구가 아니라고 했지? 그럼, 너희가 지구의 주인공이 아니라는 말이야?"

플란토가 묻자, 학이 날갯죽지를 잠시 고르더니 고개를 쳐들고 대답했다.

"우리의 지구, 맞아. 이렇게 살아 움직이는 우리 모두는 동물 가족인데, 엄청나게 많은 종류가 다양한 환경 속에서 살고 있어. 물속에도, 하늘에도, 숲에도, 초원에도, 심지어 사막에도 살고 있지. 우리는 집을 짓고 먹이를 사냥하고 배설을 하고 자손을 낳고 기르면서 살고 있단다. 아주 작은 것에서부터 큰 것까지 우리의 종류는 매우 다양해. 우리가 지구의 주인공인지 아닌지는 모르겠지만, 어쨌든 우리들은 이 곳에서 잘 살아왔어. 저 못된 족속들이 나타나기 전까지는!"

말 끝에 학은 좀 화가 난 것 같았다. 플란토가 학의 날개를 쓰다듬으며 말했다.

"아까 나무도 그런 말을 하던데, 고약한 족속이 있다고. 우리는 그들을 찾아 나선 참이야."

그러자 악어가 고개를 세차게 흔들어 물을 흩뿌리며 말렸다.

"그 족속들은 상종하지 못할 것들이야. 아예 만나지도 말아야 해. 얼마나 포악하고 교만한지 몰라. 가죽이 탐난다고 우리를 마구 죽였어. 겨우 가방이나 허리띠를 만들려고 말이야."

"너희들은 숫자도 많으니 힘을 모으면 그깟 족속쯤이야 쉽게 물리칠 수 있을 텐데……. 도대체 그들은 얼마나 숫자가 많고, 또 어떤 무기를 가지고 있기에……."

미네랄로가 고개를 갸웃하며 말 끝을 흐렸다. 말은 그렇게 해도 속으로는 몹시 화가 난 듯 엉덩이 뒤로 회색빛이 터지고 있었다.

"숫자로 치면 한 주먹거리도 안 되지. 내가 본 자료에 의하면 현재 지구상에 알려진 유기체…… 흠흠, 쉽게 말해서 살아 있는 모든 생명체라고 이해하면 돼. 그 종류는 150만 종 이상인데, 그 가운데에서 50만 종은 식물이고, 나머지는 우리 동물들이야."

하마가 또박또박 설명을 하기 시작했다.

"그럼, 동물이 훨씬 많은 거야?"

아니말로가 잽싸게 물었다.

"아니, 단지 저 못된 족속들이 분류하고 기록한 종류가 그렇다는 말이야. 그런데 사실 동물들은 이 지구상에 살고 있는 생물의 약 1퍼센트 정도밖에 안 된다고 해. 그러니까 지구에 살고 있는 생명체는 식물이 99퍼센트라는 거지."

하마의 설명에 모두들 감탄했다. 하마는 겸손하게 고개 숙여 인사하고 나서 다시 설명하기 시작했다.

"저 못된 족속 가운데 어떤 자들은 생물의 종류가 500만 종이라고 하기도 하고, 어떤 자는 2000만 종이라고 하기도 해. 결국 무슨 말인가 하면……."

하마는 궁금해하는 모두의 얼굴을 천천히 바라보고 나서 결론을 맺었다.

"알면 알수록, 조사하면 할수록 지구 생물종의 수는 엄청나게 늘어날 거야."

"아, 가만, 가만!"

플란토가 손을 내저으며 끼어들었다.

"그렇게 엄청난 종류와 숫자를 가진 너희 모두를 괴롭힌다는 그 고약하고 못된 족속은 그럼 대체 얼마나 많은 종류인 거야?"

플란토의 질문은 아까부터 아이들 모두가 궁금했던 것이다. 아이들은 하마의 입을 쳐다보았다. 하마는 대답 대신 좀전의 악어처럼 입으로 물을 내뿜었다. 악어도 덩달아 넓적한 꼬리로 물을 철벅거렸다.

독화살개구리가 게노의 어깨 위에서 온 힘을 다해 외쳤다.

"한 종이야. 단 한 종이라고!"

"뭐라고?"

게노는 자신의 어깨에 개구리가 앉아 있다는 것도 잊은 채 펄쩍 뛰며 물었다. 그 바람에 개구리는 엉덩방아를 찧었다.

개구리는 엉덩이를 쓰다듬으며 다시 대답했다.

"그 족속은 '사람'이라는 단일종이야. 단지, 그 한 종족이라고."

"지구를 가득 채우고 있는 너희 생물군 가운데 단 한 종에 불과하다고?"

플란토가 믿지 못하겠다는 듯이 다그쳐 물었다.

"사람들 스스로가 생물계를 계통에 따라 분류한 것이 있어. 가장 넓은 분류에서부터 차근차근 작은 분류로 나누어 가는 거지. 사람은 가장 크게는 '생물'에 속하고, 최종적으로는 호모속 사피엔스에 속해. 호모속 사피엔스에는 사람 단 한 종류만 있어. 아마 생물계에서 단일종은 사람 말고는 거의 없을걸."

하마가 말을 마치자 모두 하마의 유식함에 또다시 감탄했다. 하마는 또 겸손하게 고개를 숙여 인사했다.

"그래, 맞아. 단 한 종이야. 유일한 단일종인 사람들이 지구를 마구 어지럽히고 있는 거야. 아유, 끔찍해. 생각만 해도 몸서리쳐져. 나는 그만 숲으로 돌아갈래. 역시 나는 축축한 곳이 좋아."

개구리는 손을 흔들며 숲으로 폴짝폴짝 뛰어갔다.

생물 분류 생물의 종을 종류별로 묶어 나눈 것이 생물 분류이다. 이에 따르면, 인간은 가장 큰 분류로 '생물'에 속하고, 이어 차례로 동물계, 척색동물문, 척추동물아문, 포유강, 영장목, 사람과, 호모속, 사피엔스종에 속한다.

"단일종이라는 게 무슨 뜻인지……?"

아니말로가 잘 모르겠다는 듯이 말 끝을 흐렸다.

"형제 종족이 없다는 거야. 원숭이만 해도 긴꼬리원숭이, 안경원숭이, 일본원숭이 등 여러 종이 있거든. 뱀도 방울뱀, 흰뱀, 물뱀 등 수많은 종이 있고. 그런데 사람은 그냥 사람 한 종이야. 짧은꼬리사람, 얼룩사람, 붉은손바닥사람 같은 형제 종족이 없다고."

하마가 빙그레 웃으며 대답했다.

아이들은 좀 멍해졌다. 아까부터 식물과 동물이 이구동성으로 말하던 그 못되고 이기적이며, 교만하고 위험한 종족이 단일종이었다

니……. 말하자면, 사람 스스로 분류한 동물 기록에 근거한다고 하더라도 사람은 고작 100만 종 가운데 하나일 뿐이라는 것이다. 그들이 얼마나 독하기에 단 한 종이 모든 지구의 생물들로부터 이렇게 미움을 받고 있는 것일까. 아이들은 마음이 무거웠다.

"그럼, 사람이라는 종족은 지구에 나타난 지 아주 오래 되었어? 그래서 교만해진 거야?"

플란토가 조심스레 물었다. 그 고약한 사람들을 만날 생각에 조금 겁이 났던 모양이다.

악어가 풋 하고 웃었다.

"너, 하룻강아지 범 무서운 줄 모른다는 속담 모르지? 어쩌면 사람은 지구에 등장한 지 얼마 되지 않았기 때문에 그렇게 세상 물정 모르고 교만한지도 몰라."

"그래. 지구 생명의 역사를 1년으로 계산해 보면, 1월에 최초의 생명체가 태어났다고 할 수 있어. 11월 중순에 생물이 육지로 진출했고, 또 노래기 같은 벌레가 육지에 나타난 것이 11월 하순경이야. 곤충이 생겨난 것은 11월 말이고. 공룡이 번성한 것은 12월 중순경, 멸종한 것이 12월 25일 무렵이야. 사람은 언제 생겨났냐고? 12월 31일 자정 무렵이 되어서야 생겨났다 이 말씀이지."

하마가 잠시 말을 멈추자 무거운 침묵이 흘렀다. 너무 어이가 없어서였다. 아이들은 지구에 나타난 지 얼마 되지도 않고, 더구나 단일종인 사람이 모두에게 위협이 되고 있다는 사실이 잘 이해가 되지 않았다. 자신들의 행성계에서는 모두 서로를 괴롭히지 않고 오랜 세월 평화롭게 잘 지내지 않았던가.

"지구에 살고 있는 생물종 가운데 가장 많은 종을 차지하고 있는 것은 곤충들이야. 알려져 있는 동물 100만 종 가운데 70만 종이 곤충이거든. 아니면 박테리아 같은 미생물일 수도 있어. 그 숫자는 도저히 셀 수 없을 정도이니까. 하지만 분명한 것은 그 누구도 자신들이 지구의 주인공이라고 생각하지 않는다는 거야. 우리 모두는 그저 오랜 세월 적응해 온 그대로 살다가 후손을 남기고 사라져 갈 뿐이야."

하마의 긴 설명이 끝났다.

"그……, 사람이라는 족속 모두가 그렇게 독해?"

플란토가 우울해하면서 조심스레 물었다. 플란토는 무서웠는지 머리카락으로 얼굴을 감싸고 있었다.

학이 한숨을 쉬더니 먼 산을 바라보며 말했다.

"물론, 다 그런 것은 아니야. 지구 생태계가 유지되는 이 터전을 자연이라 부르고, 자신은 당연히 자연과 한 몸이라고 생각하는 겸손한 사람도 있어. 예전에는 그렇게 생각하는 사람들이 많았다나 봐. 그 사람들은 나무를 베도 숲을 망칠 정도로까지 베지 않았고, 고기를 잡아도 씨를 말릴 정도까지 잡지 않았대. 자연을 이용하고 살아도 곧 다시 원래 상태로 돌려 놓을 수 있을 만큼만 이용하고, 그것에 대해 고마워하며 살았다고 해."

"그러던 사람들이 어쩌다가 이상해진 거야?"

아니말로가 고개를 흔들며 물었다. 학이 부리로 날갯죽지를 고르더니 슬픈 목소리로 말했다.

"불행하게도 그런 사람은 많지 않았나 봐. 대부분의 사람들은 스스로 자연 환경 변화에 맞서서 살아갈 능력이 생기면서부터 오만해지기 시작했어. 자연은 이제 개척하고 개발하고 변형시키고 이용하는 대상이 된 거야. 사람은 지구에서 유일하게 그런 능력을 가진 위대한 존재가 된 것이고. 그 때부터 비극이 시작되었던 거지."

"그러면 그 사람이라는 종족만 없으면 지구는 평화롭겠구나?"

게노가 슬픈 목소리로 물었다.

"사람에게는 매정한 소리로 들리겠지만, 바로 그래. 만약 우리 생물군 가운데 어느 것 하나라도 없어지면 피해가 잇달아 발생해서 결국 사람에게까지 영향을 미칠 거야. 반대로 사람이 없어지면 어떨 것 같니? 사람은 없어져도 지구는 멀쩡할 거야. 모르긴 해도 오히려 지금보다 더 평화롭고 조화롭게 살 수 있을 거라고 생각해."

악어가 진흙탕에 몸을 뒹굴며 말했다.

하마도 진흙탕에 몸을 담그며 인사를 했다.

"큰 기대는 하지 않지만, 어쨌든 너희가 사람을 만난다고 하니 우리의 이런 뜻을 좀 전해 주었으면 좋겠다. 이제부터 우리는 느긋하게 낮잠이나 즐길래. 안녕."

아쉽지만 아이들도 작별 인사를 하고 길을 떠나려는데, 학이 날아가면서 한마디 던졌다.

"단단히 무장하고 가. 사람들은 낯선 걸 보면 먼저 싸우려고 덤벼드니까."

아이들은 그 말에 모두 몸서리를 치면서 엉덩이에서 회색빛을 뿜어 댔다.

서로가 서로에게 환경이 되는 지구 생태계

아이들은 하얀 연기가 피어 올랐던 곳까지 천천히 걸으며 지구 생명에 대해 이야기를 나누었다.

"일단 우리는 지구에도 생명체가 살고 있다는 걸 알았어."

플란토가 손가락으로 나무와 풀들을 쭉 훑으면서 말했다. 손가락이 스칠 때마다 초록빛이 퐁퐁 솟았고, 식물들은 잎사귀를 빛내며 푸른 미소를 지어 보였다.

"그 생명들은 우리 파밀리온들과 마찬가지로 스스로 먹이를 먹고, 에너지를 사용하면서 자신의 복제물을 만들어 내는 '번식'을 하며 '살고' 있어. 그리고 환경에 적응하기도 하고, 스스로 환경을 만들기도 하면서 지구의 생태계를 만들어 왔고."

게노가 간신히 기운을 내어 말하고는 힘겨운 듯 주저앉았다. 아이들은 게노에게 손그네를 태워 주기로 했다. 먼저 아니말로와 미네랄로가 손그네를 만들어 게노를 그 위에 앉혔다. 게노는 미안해하며 잠바로를 조작했다. 다행히 잠바로의 중력 조절 기능이 작동을 하여 게노의 몸무게가 거의 느껴지지 않을 정도로 가벼워졌다.

"지구 환경? 생태계? 지구 생명들이 사는 구조?"

플란토가 뒤따라 걸으며 게노의 말을 되짚어 물었다.

"그래. 지구는 우리가 살던 '비비'와는 좀 다른 생태계 구조를 가지고 있는 것 같아. 그것부터 정리한 다음 '고약한 족속'을 만나는 게 어때?"

게노가 주위를 둘러보면서 말했다. 그 말에 모두 주위를 둘러보

았다. 푸른 하늘, 흰 구름, 초록 숲, 파란 강물, 붉은 흙과 그 사이를
뛰고, 기고, 날고, 헤엄치는 동물들이 보였다.

"좀 쉴까 했더니 또 나를 부르는구나!"

어느 새 미네랄로의 어깨 위에서 이푸이푸가 다시 튀어오르며 말
했다.

"미안. 게노가 지구 생태계를 이야기해서……."

플란토가 웃으며 말했다.

이푸이푸가 여기저기 빛을 뿌리면서 설명하기 시작했다.

"우선 지구 환경부터 이야기해 보자. 지구 환경이란 지구에 살고
있는 생명체에 영향을 미치는 조건이나 상황 등을 말하는 거야. 그
러니까 땅덩어리, 바다, 대기, 햇빛과 같은 것들이 모두 지구의 환
경인 것이지. 물론, 자연물뿐만 아니라 누군가 무언가를 만들어 놓
았다면 그것까지도 지구 환경이라고 할 수 있지. 왜냐하면 그것이
생명체에게 영향을 미치고 있으니까. 그런데 이 모든 것은 수십억
년 동안 변화되어 왔고, 앞으로도 변화되어 갈 거야. 변화가 없다면
재미도 없었겠지? 지구에 아무 일도 일어나지 않았을 테니까 말이
야. 지구 환경이 조금씩 혹은 아주 많이 변하면서 그 안에서 지구
생명이 태어나고 진화해 왔어. 지구의 환경 조건에 맞추어져 생겨
난 지구 생명들은 지금도 변하고 있는 환경에 맞추어 각자 자신의
역할을 하면서 살고 있지……."

"잠깐, 잠깐. 자기 역할이라는 게 뭐야?"

미네랄로가 끼어들었다. 이푸이푸가 미네랄로 주위를 한 바퀴 돌
면서 설명을 계속했다.

"생명은 혼자서 살아갈 수 없어. 환경의 도움을 받으며 살기도 하고, 스스로가 다른 생명체에 도움이 되는 환경의 구성원이 되기도 하지. 예를 들어 볼게. 크게 보아서 지금 지구에 살고 있는 모든 생물은 지구 환경이 지켜 주고 있다고 할 수 있어. 지구 땅덩어리는 그 자체가 하나의 거대한 자석으로 강한 자기장을 가지고 있는데, 이 자기장이 우주에서 지구로 쏟아지는 방사선이나 태양풍 같은 것을 막아 주는 거야. 또 대기에 쌓인 산소는 오존층을 만들어서 태양으로부터 쏟아지는 자외선을 막아 주기도 하고. 대기는 적당한 수증기와 여러 성분의 온실 효과로 지구의 온도를 알맞게 맞추어 주고 있어. 이 안에서 지구 생물들은 순환하면서 살고 있지. 그것을 생태계라고 해."

"우리도 고향에서 그렇게 살아왔잖아. 환경에서 얻어 쓰고 다시 돌려주면서 말이야."

아니말로가 어깨를 으쓱하면서 말하자, 이푸이푸가 아니말로의 머리 위에 멈춰 섰다.

"그래, 그렇게 지구의 모든 구성원은 서로가 서로에게 영향을 주고받으면서 살고 있어. 그러면서 서로 변화해 온 거야. 그러니 서로가 서로의 환경이 된다고 말할 수 있지."

"서로 긴밀하게 영향을 주고받는 환경 속에서 살아가는 생명이라……."

플란토가 고개를 끄덕이며 중얼거렸다.

"생명끼리 서로 영향을 주고받으며 함께 살고, 생명과 환경도 서로 영향을 주고받으며 함께 살고……. 그게 지구 생태계란 말이지."

아니말로도 고개를 끄덕이며 말했다.

"이푸이푸 말처럼 '서로가 서로에게 환경이 된다'면, 서로가 아주 조심하면서 살아야겠네."

게노가 힘없는 목소리로 말하고 있는데, 갑자기 플란토가 소리를 질렀다.

"맞아! 제발 조심하면서 살아줘, 아니말로!"

모두들 놀라 플란토를 쳐다보았다. 아니말로의 커다란 발이 플란토의 발을 밟고 있었다. 아니말로가 발을 번쩍 들었지만, 플란토의 발 위에는 이미 아니말로의 발자국이 선명하게 남아 있었다. 그것을 보고 아니말로는 뭐가 우스운지 킥킥 웃어 댔다. 플란토의 엉덩이에서 불꽃이 퐁퐁 튀어나왔다.

생명과 환경, 생태계를 다른 용어로 설명하기도 한다. 장회익 교수(우리 나라의 물리학자이자 철학자)는 식물과 동물 등의 생명체를 '낱생명'(낱낱의 생명체라는 뜻에서), '낱생명'이 살아갈 수 있게 생명 활동을 도와 주는 공기와 물, 햇볕과 같은 환경을 '보생명'이라 하고, 낱생명과 보생명이 서로 얽혀 하나의 커다란 생명 현상을 이루는 것을 '온생명'이라고 했다. 생태계를 생명의 커다란 틀로 바라보는 의미의 규정이다.

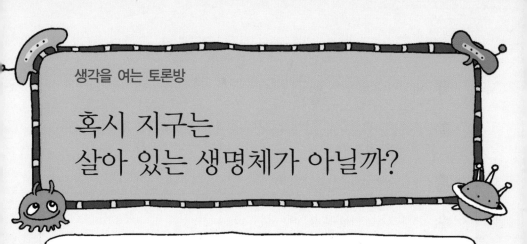

혹시 지구는
살아 있는 생명체가 아닐까?

애들아, 신비롭지 않니? 어떻게 이렇게 서로 도움을 주고, 도움을 받는 잘 짜인 구조를 만들어 왔을까? 혹시 어떤 보이지 않는 힘이 지구 생태계를 이끌어 온 것은 아닌지, 나아가 지구가 살아 있는 것은 아닌지라는 생각을 해 보지 않았니?

너무 나아가는 게 네 병이야, 플란토. 신비롭기는 하지만 그렇다고 지구가 살아 있다고 말하는 것은 좀…….

그럼 지구가 죽어 있냐?

누가 죽었다고 그랬어? 그럼, 넌 돌멩이를 보고 죽어 있다고 말하냐?

죽었다고도 살았다고도 말할 수 없는 존재라는 거지?

지구가 어떤 생각을 갖고 있다는 건 오버가 아닐까?

그래. 우연히 만들어지고, 그것이 쌓여서 어떤 환경을 만들었고, 그 환경에 맞는 방향으로 생태계가 진행되어 왔다고 할 수 있지.

이 짧은 시간 동안? 고작 수십억 년 사이에? 모두 다 우연으로?

어쨌든 마치 어떤 의도에 의해서 전체 생태계가 스스로를 조절해 가면서 살아가는 것같이 보이기는 해. 얼핏 보았지만…….

내 말이 그 말이라니까!

글쎄, 유기체처럼 움직인다는 것과 그것이 곧 유기체라는 것과는 다른 이야기가 아닐까?

그게 그거 아니겠어?

그게 그거는 아닌 것 같은데…….

그럼, 뭔데?

지구가 스스로를 조절해 가는 생명체라고 하면, 지구 환경에 대한 책임은 전적으로 지구 자신에게 있게 되지. 하지만 유기체처럼 움직인다면, 유기체의 모든 구성원들이 책임을 공유하게 돼. 이건 분명히 큰 차이야.

아, 그렇구나! 좋은 지적이야, 게노.

인정! 그런데 게노! 넌 아프다는 애가 왜 토론방에만 오면 끈질긴 생명력을 보이냐?

플란토, 그래서 유감이냐?

농담이야, 농담. 음핫핫핫!

좋아. 그렇다면 결론은 굳이 지구를 하나의 생명체라고까지 할 필요는 없다는 거지?

맞아. 그저 그렇게 귀하게 대접하고, 사랑하자는 뜻에서 한 말 아니겠어, 플란토?

빨리 그렇다고 말해 줘, 플란토! 그렇지 않다면 지구라는 게 뭔가 비밀이나 음모를 갖고 있는 거대한 존재 같아서 무서워, 무서워잉~!

난 징그럽게 애교떠는 네가 더 무서워~.

고약한 족속을 만나다

엄마를 잃은 아이, 아해

모두는 하얀 연기가 피어 올랐던 곳에 도착하여 주위를 둘러보았다. 숲을 태운 지 얼마 되지 않았는지 아직도 연기가 군데군데에서 피어 오르고 있었다.

"와, 많이도 태웠네. 사람들이 이렇게 만들었단 말이지?"

아니말로가 눈살을 찌푸리며 말했다. 미네랄로와 플란토도 고개를 흔들며 엉덩이에서 회색빛을 터뜨렸다.

아이들은 저마다 자신의 아모코를 들고 사람으로 보이는 생물체를 한참 동안 찾아보았지만 발견하지 못했다.

"우리가 온다는 소문을 듣고 겁먹은 거 아니야?"

"그렇게 교만하다는데 그럴 리가 있니?"

미네랄로와 플란토가 이야기를 주고받았다.

지구 대기에 적응시킨 호흡기에 피곤하다는 이상 신호가 감지되었다. 아이들은 잠시 앉아 쉬기로 했다. 타다 남은 나무 밑동 근처에는 미처 피하지 못한 짐승들의 시체가 보였고, 쓰러진 나무의 속살은 아직도 벌겋게 달아올라 있었다. 플란토는 머리를 더욱 꼭꼭 싸매고 주저앉았다.

한참을 가만히 앉아 있던 게노의 잠바로에서 갑자기 한 줄기 빛이 쏟아져 나왔다. 게노가 벌떡 일어나 어디론가 뛰어가기 시작했다. 아이들은 깜짝 놀라 게노의 뒤를 쫓아갔다. 게노는 타다 쓰러진 커다란 나무 근처로 다가가 멈춰 섰다. 잠바로의 빛줄기가 가리키는 쪽을 보니 나무 뒤에서 무엇인가가 일어서는 게 보였다. 아까 숲에서 본 원숭이와 비슷하게 생긴 동물이었다.

"누구냐?"

아니말로가 경계하며 물었다.

"나, 말이야?"

동물이 두리번거리더니 손가락으로 자신을 가리키며 물었다. 아니말로의 다무도 빛을 내기 시작했다.

"우리는 외계에서 온…… 아니지, 너부터 말해. 넌 사람이냐?"

아니말로가 자신을 소개하려다 말고 먼저 물었다. 사람은 낯선 것을 보면 덤빈다는 학의 말이 생각났기 때문이다.

"나? 난 '아해' 야."

사람이라는 대답이 나오지 않자 아니말로는 긴장을 풀었다.

"아, 아해라는 동물이구나. 만나서 반갑다. 우리는 외계에서 온 아이들이야."

아이들이 자신을 소개하며 통통 뛰자 발 밑에서 오색 빛이 퐁퐁
솟았다.

아해의 눈이 휘둥그레졌다.

"와, 정말 외계인이란 말이야? 대단해. 그럼 난 외계인을 처음 본
사람이 되겠네."

"뭣이, 사람이라고? 아해라며?"

아이들은 화들짝 놀라 물었다.

아해가 깔깔대며 웃었다.

"맞아. 난 사람인데, 이름이 아해야."

"역시 인간은 교활해. 자신을 먼저 드러내지 않으려고 머리를 쓰는군."

미네랄로가 플란토의 귀에 대고 속삭였다.

"네가 여기에 불을 질렀니?"

아니말로가 대뜸 물었다. 아해는 눈을 동그랗게 뜨고 고개를 저었다.

"그러면 네 동족들이 불을 질렀겠구나?"

미네랄로가 조금 화가 난 목소리로 물었다.

아해는 무엇인가 생각하는 듯하더니 대답했다.

"어쨌든 사람들이 이 곳에 불을 지르기는 했지만, 난 그들과 한편이 아니야."

"그럼, 왜 여기 있는 거니?"

아니말로가 묻자 아해는 금세 슬픈 표정이 되었다.

"……너, 누굴 잃어버렸구나."

게노가 조심스럽게 말했다.

아해는 좀 놀라는 듯했지만 이내 고개를 끄덕였다.

"엄마를 찾고 있어……."

"네 엄마가 이 곳에 불을 지르고 다닌단 말이야?"

아니말로가 버럭 소리를 질렀다. 플란토의 손가락에서 튕겨 나온 빛이 아니말로의 입에 부딪쳤다. 아니말로는 "앗, 따가워!" 소리를 지르면서 입을 만졌다. 플란토가 아니말로를 째려보았다.

아해는 얼마 전부터 누군가의 손길이 열대우림에 난 불을 점차 사그라뜨린다는 소문을 들었다고 했다.

"그게 누군데?"

미네랄로가 물었다.

"그렇게 큰 불이 아무 이유 없이 사그라지는 건 우리 엄마의 손길이 스친 거야. 난 그걸 느껴⋯⋯."

아해가 우울한 표정으로 말했다.

플란토는 측은한 마음이 되어 어떻게 해서 엄마와 헤어지게 되었냐고 물었다.

"몰라⋯⋯. 어느 날 일어나 보니 엄마가 없었어. 아니, 처음부터 엄마와 헤어져 있었던 것 같기도 하고⋯⋯. 난 엄마에 대한 기억이 하나도 없어. 그렇지만 엄마를 만나면 단번에 알아볼 수 있어. 난 느낌으로 알 수 있어."

아해가 눈을 끔벅이면서 엄마와 가까워지면 자신의 가슴이 뭉클하고, 쿵쾅거리며 뛴다고 했다.

"여기서도 가슴이 뛰었어?"

플란토가 묻자 아해는 머리를 끄덕이더니 이내 고개를 숙였다.

"그런데 와서 보니 엄마는 없었어. 또 어디론가 가고 말았어."

플란토는 아해의 어깨에 손을 얹어 위로했다. 손가락에서 부드러운 초록빛이 솟아 아해의 어깨를 감싸 주었다. 게노도 아해의 어깨에 손을 얹었다. 게노의 손가락에서는 알록달록한 빛의 무지개가 나와 아해의 머리카락 사이에서 빛났다. 아해는 기분이 좋아져서 미소를 지었다. 게노가 아해에게 제안을 했다.

"네가 엄마 찾는 걸 우리가 도와 줄게. 너는 지구의 주인공인 양 행세하는 사람을 만나게 도와 줘."

"그야 물론 얼마든지! 엄마가 싫어하는 게 바로 그런 사람들이야. 엄마는 그들이 하는 일을 막기 위해 돌아다니는 거야."

아해가 벌떡 일어서며 상기된 표정으로 말했다.

"맞아. 그 사람들이 있는 곳에 네 엄마도 계실 테니, 결국 우리 모두 같은 곳을 찾아가면 되는 거야."

미네랄로와 아니말로가 서로 손가락 끝을 마주 대고 두드렸다. 영롱한 빛이 퐁퐁 솟았다.

무서운 사람들

아이들은 아해가 생각하는 곳으로 공간 이동을 하기 위해서 모두 아해의 손을 잡고 아모코를 마주 댔다. 아이들은 마치 책장을 넘기듯 한 장면 한 장면 공간을 찾아 건너뛰기 시작했다.

아이들은 가장 먼저 코끼리와 코뿔소가 쓰러져 죽어 있는 초원 한가운데에 도착했다. 한쪽에는 밀렵꾼들이 잘라 놓은 코끼리의 엄니인 상아와 코뿔소의 뿔이 쌓여 있었다. 밀렵꾼들은 단지 상아와 뿔을 얻기 위해 죽인 것 같았다. 왜냐하면 상아와 뿔은 상자 안에 차곡차곡 쌓여 있는데, 죽은 코끼리와 코뿔소는 초원 여기저기 널부러져 있었기 때문이다. 일부는 썩어가고 일부는 불에 탄 흔적이 있었다. 껌을 질겅질겅 씹어 대는 밀렵꾼들의 자동차 안에는 방금 벗겨 낸 듯한 표범의 가죽이 널려 있었다. 아이들은 어이없어 고개를 저으며 서둘러 다른 곳으로 이동했다.

이번에 도착한 곳에는 죽어 넘어진 검은 곰들이 잔뜩 쌓여 있었다. 곰들은 하나같이 발바닥이 없었다. 불도장이라는 곰 발바닥 요리를 위해 잘린 것이라고 했다. 사람들이 먹을 특별한 요리를 위해 멀쩡한 곰을 죽인 것이다. 더욱 기가 막힌 것은 시름시름 앓다 죽은 곰의 경우이다. 그 곰은 명약이라는 곰 쓸개즙을 얻기 위해 살아 있는 곰의 쓸개에 대롱을 꽂아 쓸개즙을 뽑은 뒤 버려져 죽었다고 했다. 또 우리 속에 갇혀 있는 원숭이는 원숭이 골 요리로 희생될 것들이라고 했다. 아이들은 몹시 화가 나 조금 전보다 더 서둘러 자리를 떴다.

이번에는 새로운 장소에 도착하기 전부터 시끄러운 소리가 들려왔다. 아이들은 얼굴을 찌푸린 채 주위를 둘러보았다. 숲을 베고 나무를 태운 화전에 다시 도착해 있었다. 이 곳에서 불을 지른 화전민과 환경 감시인, 정부 당국자, 건설업자가 싸우고 있었다. 너무 격렬하게 싸우고 있어서 아이들은 몰래 숨어서 이야기를 엿들었다.

화전민 먹고 살려니 어쩔 수 없이 밭을 일궈야 했단 말이오.
환경 감시인 지금 당장만 생각하면 안 되지요. 더구나 이 숲은 인류 모두의 것이오.
화전민 꼭 나무숲만 있어야 하는 건 아니지 않소. 곡식도 식물이란 말이오.

환경 감시인 물론 그렇지만 태양 에너지를 이용하는 생산 효율로 따
져 볼 때, 풀밭과 농경지는 숲의 절반 이하예요. 이산화탄소를 흡
수하는 것도 그렇고. 무엇보다도 숲의 생태계를 파괴하지 않소.
숲이 있어야만 짐승이 살아갈 수 있단 말이오.

화전민 나는 그렇게 복잡한 건 몰라요. 그럼 어쩌란 말이오. 먼 이
웃들을 위해 지금 우리 식구가 여기서 고상하게 굶어 죽으란 말
이오?

건설업자 먼 이웃이라는 사람들은 훨씬 더 먼저 숲을 베어 도시를
만들고 도로를 뚫어 잘 살게 되었잖아요. 이제 자기네 숨쉬기 힘
들어진다고 우리보고 참고 살라는 게 말이 되오?

환경 감시인 그래서 지구 환경이 나빠져 이를 반성한 끝에 이제부터
라도 환경을 지키자고 하는 거 아닙니까?

건설업자 인간은 옛날부터 자연을 이용하며 살아왔소. 그 결과 더욱
잘 살게 되고 더욱 편하게, 더욱 오래 살게 되었지요. 말이 나왔
으니 말이지 나빠진 건 별로 없어요. 저 나무들과 짐승들 잘 살
게 하자고 인간이 다시 불편했던 옛날로 돌아가자는 게 말이 된
다고 생각하오?

환경 감시인 잘 살게 되었는지 어떤지는 생각에 따라 다르게 볼 수
있소.

건설업자 자연은 인간이 이용하라고 있는 거요. 인간이 제일 중요합
니다. 자연은 스스로 복구해 나갈 거요. 예전부터 그래 왔던 것
처럼. 우리가 자연의 능력을 너무 믿지 못하는 것 아니오?

화전민 건설업자 말에 동감이오. 어쨌든 지금 당장 우리 식구가 먹

고 살기 위해서 나는 밭을 일구어야 해요.

건설업자 개척과 개발만이 부자가 되는 길이오. 그걸 알면서 어떻게 포기하란 말이오?

환경 감시인 그러니까 정부와 국제기구에서 나서라는 것 아니오?

정부 당국자 우리 정부도 가난해요. 이 사람들 말처럼 먼 이웃을 위해서 우리 나라 사람들에게 다른 경작지를 마련해 준다거나, 구호 식량을 대줄 비용이 없어요. 숲으로 혜택을 보는 건 인류 모두인데, 왜 가난한 우리만 그런 희생을 감수해야 합니까?

환경 감시인 그래서 부자 나라들로부터 환경 부담금을 많이 거두자는 것 아니오? 그러니 이 곳 정부도 지구 환경을 지킨다는 사명감을 가지고 적극적으로 나서라는 것이오.

정부 당국자 지금 당장 파헤치면 자원도 풍부하게 얻을 수 있고, 경작지를 만들면 식량도 얻고, 목초지를 만들어 가축을 키우면 고기도 대량으로 얻고, 길을 내면 우리 나라 사람들이 편하게 다니며 산업을 발전시키기도 한결 쉬워질 것이오. 그래도 국제기구와 환경론자들의 압력 때문에, 그리고 뭐, 우리 나름대로 사명감 비슷한 것도 있고 해서 그나마 엄청 참고 있는 것만 알아주었으면 좋겠소. 넉넉히 보태 주지도 않으면서 남의 나라 일에 잔소리들은…….

싸움은 끝도 없이 계속될 것 같았다. 아이들은 아해 엄마의 흔적을 찾을 수 없는 이 곳에서 빨리 벗어나고 싶었다.

인간만 사라져 준다면

게노가 몹시 힘들어 보였기 때문에 아이들은 다시 탐사선 근처로 되돌아왔다. 일단, 모두 탐사선으로 돌아가 게노의 상태를 점검하기로 했다. 아이들이 아해를 탐사선으로 데리고 들어가려고 하자 아해는 잠시 망설였다. 그러나 곧 복잡한 출입 절차에 의젓하게 따랐다.

"어때, 어디 몸이 불편하지는 않니?"

플란토가 아해에게 물었다. 혹시 탐사선 환경과 맞지 않을까 봐 걱정이 되는 눈치였다.

"처음에는 기분이 이상하고 머리도 좀 멍했는데, 지금은 괜찮아. 나보다는 게노가 걱정이야."

아해가 몸을 이리저리 움직이면서 말하자, 휴식 캡슐에 누운 게노가 괜찮다면서 손짓을 했다. 손끝에서 알록달록한 빛이 흘러 나왔다. 아이들은 가운데 탁자에 모여 앉았다. 아니말로가 자기 머리를 탁탁 두드리더니 말을 꺼냈다.

"막연히 돌아다닐 게 아니라 단서를 찾아보자. 먼저 아해의 엄마는 지구 환경을 파괴하는 사람들을 막기 위해 다니신다고 했지?"

아해가 고개를 끄덕였다.

미네랄로가 고개를 갸웃하더니 계면쩍은 표정으로 물었다.

"그런데 아까부터 묻고 싶었던 건…… 지구 환경은 수십억 년 동안 계속 변해 왔어. 그 안에서 생태계도 그것에 맞추어서 유지되어 왔고 말이야. 그런데 인간이라는 단일종 하나가 얼마나 큰 힘이 있기에 지구를 망친다, 어쩐다 하는 거야?"

"그래, 잠깐 쉬면서 그 이야기나 해 보자."

플란토가 미네랄로를 거들었다.

아해가 어이없다는 듯이 웃으며 말했다.

"잠깐 쉬면서? 마치 잠깐 놀면서 남의 나라 단어를 한 2700자쯤 외워 보자는 말처럼 들려."

"음……, 좀 어려운 공부가 되려나?"

플란토가 미안하다는 얼굴로 물었다.

"아니야. 내가 농담한 거야. 그래, 한번 이야기해 보자."

아해가 손사래를 치며 말했다.

"좋아, 나도 궁금했어. 사람이 뭐 그렇게 대단하다고 오랜 세월에 걸쳐 만들어진 지구 생태계를 망친다는 거야? 너무 엄살이 심한 것 아니야?"

아니말로가 갑갑해하며 물었다.

미네랄로도 거들었다.

"내가 보기에 지구는 여전히 그냥 잘 지내고 있는 것 같은데 뭐. 좀 영리한 사람이 자기 마음대로 살아 봤자 지구 역사라는 큰 틀에서 보면 별거 아닐 것 같은데, 엄살이 너무 심한 것 아니야? 결국 사람도 지구 생태계의 한 구성원으로 자연스럽게, 자기 방식대로 적응해 가면서 살아가는 거 아니겠냐고."

"아니야, 그렇지 않아. 지금 지구 환경은 분명히 나빠지고 있어."

아해가 손을 내저으며 펄쩍 뛰었다.

"그래, 우리에게 그것에 대해서 이야기해 줘. 나빠진다고 말하는

데, 도대체 누구에게 나빠진다는 거야? 혹시 사람들이 자신들 입장에서만 말하는 것은 아니니? 사람이 사는 데에만 나빠진다는 거, 사람이 사는 데에만 불리해진다는 거 아니냐고?"

미네랄로가 진지하게 물었다.

"아까 지구 생명은 모두 하나에서 출발했다고 했잖아. 그리고 하나의 생태계를 유지하며 살고 있다고도 했고. 그러니까 인간에게 나쁘면 다른 생태계에도 나쁜 영향을 미치게 되지 않을까?"

플란토가 차분히 말했다.

"오히려 아까 들은 대로라면 생태계에서 인간만 사라진다면 아무 문제가 없겠던데?"

아니말로가 비웃듯 말했다. 그러자 플란토가 아해의 눈치를 보면서 아니말로를 흘겨보았다.

"사실 그렇게 말하는 사람들도 있어. 플란토 말처럼 인간에게 나쁘게 되고 있는 건 사실이야. 그리고 다른 생명체의 생존에도 나쁜 영향을 미치고 있지. 문제는 그게 자연스러운 현상이 아니라, 인간이 스스로 그렇게 만들고 있다는 거야. 자신들에게도 해롭고, 다른 생명체에게도 해롭게 말이야."

아해가 안타까워하면서 말했다.

"그것 봐. 인간 하나만 없어지면 된다니까."

아니말로가 다시 큰 소리로 말했다.

플란토가 아니말로에게 손가락 빛을 쏘며 말했다.

"어리석다고 다 죽어야 하냐? 그렇게 쉽게 말하면 어떡해?"

아니말로가 입을 쓱쓱 문지르고 나더니 삐죽거리며 말했다.

"알았어, 알았다고. 그럼 인간의 어리석음에 대해 말해 보자고."

"좋아. 다시 질문을 해 보자. 지금 당장 지구 환경이 처한 가장 큰 문제는 뭐지? 다시 말해서 지금 지구 환경이 어떻게 되어 가고 있기에 위기라는 거야? 그리고 환경의 변화는 대개 자연적인 흐름에 따르는 것일 텐데, 왜 인간이 책임져야 하는 거지?"

미네랄로가 날카롭게 물었다. 아이들은 "와, 미네랄로가 작정하고 공부하려고 덤비는데?" 하면서 추켜세웠다. 플란토의 머리카락이 빛을 내며 흔들렸다. 모두는 아해를 쳐다보았다. 그러나 아해는 설명하기 어려운 듯 난감한 표정을 지었다.

"……그러니까, 음. 지구가 무슨 문제이냐면……."

이 때 미네랄로의 어깨 위에서 이푸이푸가 빛을 내며 들썩거렸다.

"이푸이푸, 또 끼어들고 싶구나."

미네랄로가 손가락을 튕기며 말했다. 그러자 이푸이푸가 기다렸다는 듯이 튀어나오더니 다시 거만한 표정으로 설명하기 시작했다.

"현재 지구의 가장 큰 환경 문제는 두 가지로 이야기할 수 있어. 하나는 지구 온난화이고, 또 다른 하나는 생물종의 다양성이 감소하고 있다는 거야. 여기에 오존층의 파괴 현상을 덧붙이기도 하는데, 이것은 오존층에 구멍을 내는 프레온가스 등을 강력하게 규제하면서 어느 정도 막을 수 있다고 알려져 있어. 온난화와 생물 다양성의 감소는 현재 아주 빠른 속도로 진행되고 있어. 이것을 두고 지구 전체의 위기 상황이라고들 해."

"잠깐, 먼저 확인부터 해 두자. 분명히 지구가 더워지고 있는 거

맞아?"

아니말로가 물었다.

이푸이푸가 도표를 보여 주면서 설명했다.

"아이피시시(IPCC)의 보고에 따르면, 온도계에 의한 기온 관측이 시작된 1850년 이후 세계 평균 기온은 계속 상승하고 있대. 최근 100년 동안은 0.74℃ 올랐고, 온난화의 속도도 빨라지고 있다고 해. 최근 들어 거의 해마다 산악의 빙하가 감소하고 있고, 바다의 해수면도 상승하고 있는 게 관측되었어. 북극 지역의 바다 얼음덩이나 빙상도 감소하고 있고. 그래서 빙하가 있던 산악 지방에는 빙하가 녹은 물로 인해 갑자기 홍수가 나거나, 태평양의 작은 섬들이 점차 물에 잠기고 있어. 그리고 북극곰이 서식지를 잃고 멸종 위기에 처하는 등의 일이 생겨났지."

"혹시 온난화가 지구의 자연스런 흐름 속에서 일어나는 현상은 아닐까? 사람의 책임인 게 분명해?"

플란토가 물었다.

이푸이푸가 웃으며 설명을 계속했다.

"네가 그렇게 물어 볼 줄 알았어. 물론 지구는 과거 수십만 년 동안에도 한랭화와 온난화를 몇 차례나 반복했어. 그런데 지금은 그런 자연적인 기온 상승의 수치보다 훨씬 급격한 속도로 온난화가

아이피시시(IPCC) 기후 변동에 관한 정부 간 위원회. 유엔환경계획(UNEP)과 세계 기상기구(WMO)가 기후 변동에 관한 세계 과학자의 연구 성과를 정리하고, 기후 변화의 위험을 평가하기 위해 1988년 설립한 조직이다.

진행된다는 거야."

"그럼, 사람이 원인이라는 거네. 그런데 사람이 어떻게 지구 온난화를 빠르게 진행시킨다는 거지?"

플란토가 물었다.

아해가 벌떡 일어나 '끄윽' 하고 트림을 하더니 다시 '뿡' 하고 방귀를 뀌었다. 모두의 놀란 표정을 보면서 아해가 천연덕스럽게 말했다.

"대기를 덥히는 가스를 온실가스라고 하는데, 대표적인 게 이산화탄소야. 사람들이 모두 트림을 하고, 방귀를 뀌어서 대기 중에 이산화탄소 농도가 올라간 거지."

"뭐라고! 그게 정말이니?"

플란토가 놀라며 물었다. 휴식 캡슐에 누워 있던 게노가 낄낄거리며 웃었다.

"아이고, 웃겨서 쉬지도 못하겠네. 야, 순진한 플란토. 너 그걸 정말 믿니?"

게노의 말에 모두 깔깔 웃었다. 이푸이푸가 더욱 자세히 설명해 주었다.

"18세기 이후 사람들은 석탄이나 석유와 같은 화석 연료를 대량으로 태워 에너지원으로 사용해 왔어. 그 결과 엄청난 양의 이산화탄소가 대기 중으로 배출되었지. 물론, 이산화탄소의 일부는 식물이나 바다로 흡수되지만, 많은 양이 대기 중에 쌓이면서 이산화탄소 농도가 점점 증가하게 되었어. 화산에서도 자연적으로 온실가스가 나오지만, 과학자들은 여러 실험 결과 자연적인 요인만으로는 최근의 온난화를 설명할 수 없다는 결론을 내렸지. 결국 사람들의 활동이 최근 수십 년 동안 진행된 온난화의 주요 원인일 거라는 이야기이지."

"지구가 따뜻해지는 게 뭐가 그렇게 나쁜 건지 모르겠네. 금방 더워 죽는 것도 아니고. 추운 지방 사람들은 오히려 더 좋은 거잖아. 온난화가 진행되면 도대체 무슨 일이 생긴다는 거야?"

미네랄로가 알 수 없다는 듯 묻자, 아니말로가 "이것도 역시 예상한 질문인 것 같은데?"라며 거들었다. 이푸이푸가 대답했다.

"물론, 예상 질문 맞습니다. 하하. 따뜻해져서 좋아지는 곳도 물론 있겠지. 그렇지만 그건 아주 작은 부분일 뿐이야. 아까도 말했지만 해수면이 상승해서 지구 곳곳에서는 해일 피해가 갑자기 늘어나고, 물 부족이 확산될 거야. 그리고 생물종의 일부가 멸종할 것이라고 예측하고 있어. 하지만 지구 전체의 환경 변화가 과연 어떤 상황을 몰고 올 것인지 정확히 예측할 수 없는 게 사실이야. 최악의 경우, 정말 어떤 일이 생길지는 아무도 몰라. 어때, 무섭지?"

이푸이푸는 약올리듯 몇 바퀴 핑그르르 돌더니 이내 사라졌다.

아니말로가 손바닥으로 턱을 문지르며 말했다.

"난 또 무슨 대단한 문제라고……. 해답은 간단하네. 그럼, 석탄이나 석유를 안 쓰면 되잖아."

아이들이 아니말로의 말에 고개를 끄덕이며 다 같이 팔을 뻗어 손가락을 흔들었다. 영롱한 빛의 오로라가 파도치듯 흔들렸다. 그러자 사라졌던 이푸이푸가 다시 번쩍 하고 나타나더니 "그게 그렇게 쉬운 문제가 아니니까 걱정이지!"라고 쏘아붙이며, 아이들에게 날카로운 빛의 화살을 하나씩 쏘았다. 아이들은 따가워하면서 아니말로를 째려보았다. 아니말로가 겸연쩍은 미소를 지으며 말했다.

"그래, 그건 그렇고 생물종 다양성 감소는 뭐야?"

이푸이푸가 "그건 다음 기회에~" 하고 사라지자, 플란토가 머리를 톡톡 두드리며 말했다.

"아, 어쨌든 온난화에 대한 공부는 잘 했어. 결론은 역시 지구의 주인공은 사람이었다, 이거네."

아니말로가 눈이 동그래져서 물었다.

"기껏 공부 잘 하고 나서 무슨 뜬금없는 소리야. 지구의 주인공이 사람이라니?"

"이제껏 보고 들은 바로는 지구의 어리석은 악당이 사람인 것 같은데?"

미네랄로도 거들었다.

플란토가 다시 머리를 톡톡 두드리며 말했다.

"그래, 지구를 망치는 주범 말이지. 지구를 망치는 주인공."

아이들은 다시 까르르 웃었다.

아해만이 시무룩해져서 중얼거렸다.

"슬프게도 그건 사실이지만, 모두가 그런 건 아니야. 우리 엄마 같은 사람들도 많아……."

"미안해. 비웃으려고 그런 건 아니야, 아해야. 내가 좀 회복되는 대로 빨리 사람들을 만나러 떠나자. 너희 엄마도 찾고."

게노가 많이 미안해하면서 아해를 위로했다. 아해는 아해대로 아픈 게노를 미안하게 만든 것 같아서 역시 미안해했다.

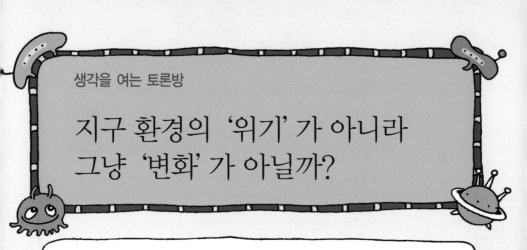

지구 환경의 '위기' 가 아니라 그냥 '변화' 가 아닐까?

지구 환경이 위기다, 어쩌다 하는 이야기가 너무 호들갑스러운 게 아닐까? 어차피 지구 입장에서 보면 위기라고 해서 지구가 없어지는 것도 아닌데. '위기' 가 아니라 그냥 '변화' 가 아닐까?

나도 그렇게 생각해. 지구 환경은 지금 그냥 좀 변하고 있을 뿐이라고. 이전과 이후로 갈라지는 갈림길에 서서 변화무쌍하게 변하고 있을 뿐이라고.

그렇다면 왜 식물과 동물들이 저렇게 아파하고, 또 화를 내는 걸까?

그야 지금 살고 있는 모든 생물들 입장에서 하는 말이겠지. 자신들이 적응해 온 대로 살아가면 아무 문제가 없는데, 지금은 그게 안 된다는 거잖아.

살다가 적응하지 못한 생물은 역사의 무대에서 사라지게 마련이야. 빠르게 변화하거나 운 좋게 적응한 애들은 또 살아남고, 그러다 환경이 변하면 또 일부는 사라지고 일부는 살아남고, 그러는 거 아니야? 생태계는 그렇게 쭈욱 이어질 거라고. 대체 뭘 갖고 호들갑들이야?

너무 냉정한 거 아니니? 보라고. 우리가 방금 만난 이 생물 친구들이 고통받고 있다잖아. 지금 당장 말이야!

🐛 생물들은 자연계에서 자연스럽게 등장했다 사라지는 건데, 지금 이 친구들만 계속 살아남아야 하는 건 아니잖아. 그건 욕심이야.

🐛 난 생각이 조금 달라. 물론 생태계의 변화는 자연스러운 것이고, 거역할 수 없는 것이기도 해. 하지만 그래도 자신들과 가까운 후손들이 한동안 잘 살아 주길 바라는 것 또한 자연스러운 것이 아닐까? 우리도 그래서 파밀리오를 떠나온 것이잖아. 좀더 살아 보려고.

🐛 그럼, 네 생각은 환경이 위기를 맞았네, 어떠네 하면서 호들갑떠는 것도 봐줄만 하다는 거니?

🐛 지금 여기 살고 있는 생물들이 그렇게 느꼈다면 그런 거지.

🐛 위기가 아니라 변화라고 보면 마음이 편하지 않을까?

🐛 지금 이 곳의 생물들에게는 분명한 위기인데, 어떻게 위기가 아니라고 하겠어?

🐛 다시 말하지만, 위기인 건 확실한가?

🐛 많은 생물 무리의 생존에 위협이 될 정도로 환경이 변하고 있잖아.

🐛 그래, 그 점에 대해서는 지구 데이터를 좀더 살펴봐야겠어.

🐛 아니말로. 밤샐 일 생겼구나. 그냥 그렇구나 하고 넘겨.

🐛 플란토, 아니말로 성격 몰라서 그래? 자기 눈으로 직접 확인한 것만 믿잖아.

🐛 그런데 말이야, 아니말로. 어쨌든 생물 무리들이 비명을 지르고 있기는 하잖아? 그런데 얼핏 들어 보니까, 그게 누군가 혼자만의 잘못 때문인 것같이 말하지 않니?

만약 그렇다면 엄청난 능력을 가진 생물인 셈이네.

그게 저 약해 보이는 사람, 인간이라는 거 아니야!

그럼, 결국 인간이 지금 지구 생물의 생존권을 쥐고 있다는 말이잖아!

그렇다면 역시 인간이 지금은 지구의 주인공이라는?

으악~! 싫어, 싫어.

잠깐, 잠깐! 그런데 지금 인간들 때문에 모든 생물에게 위협적인 환경으로 변하고 있다는 게 사실이야?

그렇다고 하잖아.

그렇다는 걸 무엇으로 증명하지?

인간 활동 영역이 넓어질수록 생태계 파괴가 급속히 진행되었다는 데이터가 있잖아.

생태계는 하루아침에 갑자기 생겨난 게 아니야. 모든 게 필연적으로 얽혀 있다고. 한쪽에서 잘못하면 그 피해가 전체 생태계에 미치지.

그럼, 아까 동물들 말처럼 인간 하나만 없어지면 모든 게 좋아질 거라는 것도 말이 안 되잖아. 인간도 생태계에 얽혀 있으니까 인간이 멸종하면 결국 다른 생태계에 해를 끼치지 않겠어? 어때, 예리하지?

쯧쯧……. 인간은 다른 동식물과는 달리 생태계 안에서 기여하는 바가 거의 없다잖아. 그렇다면 별로 큰 영향을 미치지도 않을 거야.

받기만 하고 주지는 않는 욕심쟁이였단 말이지? 그래서 그 덕분에 지금 당장 없어진다고 해도 문제될 게 없다는 말?

주인공은 주인공인데, 존재감이 없는 주인공이네?

아니지. 존재감이 넘치지. 스스로 무대를 망가뜨리는 강한 존재감!

그러니까 전에 말한 것처럼 그냥 기다리자니까. 망할 때까지.

오랜 기다림 끝에 지적 생명체 친구라고는 달랑 하나 만났는데, 그들이 망할 때까지 기다리자고? 그게 말이 되냐?

게다가 그들 가운데 지구 환경에 대해 겸손한 친구를 만날 가능성이 전혀 없는 것도 아니잖아.

글쎄, 있을까?

있어. 나~안, 난 있다고 믿고 있을 뿐이고!

게다가 그 좋은 친구들이 힘도 세기를 기대할 뿐이고!

숫자도 많기를 바랄 뿐이고!

엄마, 보고 싶고!

……! 윗분, 누구……세요?

쿄쿄쿄……. 맞춰 보삼!

눈물과 슬픔의 막

지구에서 일어난 대량 멸종의 역사

"앗, 무슨 일이지?"

플란토가 깜짝 놀라 소리치며 게노의 휴식 캡슐을 가리켰다. 알록달록한 빛의 오로라가 감싸던 게노의 휴식 캡슐이 드문드문 회색으로 변해 있었다. 아이들은 모두 놀라 게노에게 뛰어갔다.

"게노, 괜찮은 거야?"

아니말로가 게노의 머리에 손을 얹으며 조심스레 물었다. 게노의 잠바로가 끼익끼익 이상한 소리를 내고 있었다. 아이들이 각자의 아모코를 꺼내 잠바로 위에 포갰다. 모두 힘을 모아 게노의 회복을 돕기 위해서이다. 모두의 아모코가 모이자 잠바로에서는 더 이상 이상한 소리가 들리지 않았다. 잠시 후 희미하지만 보랏빛이 퐁퐁 솟아올랐고, 게노도 눈을 살며시 뜨고는 친구들을 향해 미소를 지었다.

"괜찮아?"

플란토가 게노가 누워 있는 캡슐을 만지며 물었다.

"괜찮아. 지금 떠나자."

게노가 일어나 앉으며 말했다. 아이들은 한편으로는 안심하면서도 또 한편으로는 걱정이 되었다. 이 때 걱정스런 표정으로 옆에 서 있던 아해가 갑자기 손으로 가슴을 움켜잡더니 자리에 주저앉았다. 아해는 가슴이 조이는 듯 아프다고 하면서, 엄마가 근처에 있을 때와는 좀 다른 아픔이라고 했다.

아이들이 어쩔 줄 몰라 하고 있는데, 마침 아보다 박사의 입체 영상이 나타났다.

지금 떠나야 해.

"게노가 아픈데, 지금 떠나라고요?"

아니말로가 어리둥절한 표정으로 물었다.

그러니까 일단 떠나.

"치료제는요. 게노의 상태가 분석되었나요?"

플란토가 묻자 아보다 박사는 미안한 표정으로 고개를 저었다.

"그런데 어떻게 떠나라고요? 여기 지구 아이까지 아픈 것 같은데요?"

미네랄로가 항의하듯 물었다. 그러자 아보다 박사가 고개를 끄덕였다.

그래서 떠나라는 거야. 지구 아이가 찾는 엄마에게서 게노를 치유할 수 있는 생명물질에 대해서 도움을 받을 수 있다는 분석 결과가 나왔다. 지금으로서는 지구 아이의 엄마를 찾는 방법밖에 없으니 떠나도록 해라. 지구 아이의 느낌에 집중하고. 알겠지?

아보다 박사는 격려의 표시로 손가락을 파도치듯 흔들어 주며 사라졌다. 기운이 빠져 멍하니 서 있던 아이들이 정신을 차리고 보니, 어느새 게노와 아해는 손을 맞잡고 입구 쪽 공간 이동장치 쪽으로 걸어가고 있었다. 아이들 엉덩이에서 걱정의 회색빛 방울이 마구 터져 나왔다.

아이들은 은은한 오색의 띠를 따라 흘러갔다. 아니, 띠라고 하기보다는 허공에 떠 있는 얇고 널따란 막이라고 하는 편이 옳았다. 아이들이 둥둥 떠 가고 있는 오색의 막 너머로는 까마득히 넓은 우주가 별빛이 부서지는 밤바다처럼 펼쳐져 있었다. 아이들은 한참 동안 흐름에 몸을 맡긴 채 이동을 실컷 즐겼다.

"그런데 이번 공간 이동은 왜 이렇게 오래 걸리는 거야?"

플란토가 두리번거리며 물었다.

"뭐가 걱정이야. 재미있기만 하네."

아니말로가 싱글거리며 아해를 쳐다보았다.

"난 도대체 뭐가 뭔지……."

아해는 벌린 입을 다물지 못했다. 플란토가 이것은 공간을 빠르게 잡아당겨서 이동시켜 주는 장치라고 차근차근 설명해 주었지만, 아해는 이해할 수 없다는 표정을 지었다.

"그런데 플란토. 이건 우리들의 공간 이동 터널이 아닌 것 같아. 이것 자체가 또 다른 차원의 공간인 것 같아……."

게노가 잠바로를 들고 주위를 둘러보며 말했다. 잠바로에서 불안정한 신호음이 띄엄띄엄 흘러 나왔다.

"어라! 누가 합승한 것 같은데?"

아니말로가 다무를 꺼내 들며 말했다. 멀리서 어떤 물체가 이상한 소리를 내면서 다가오고 있는 것이 보였다. 미네랄로와 플란토도 각자 이푸이푸와 키잔을 꺼내 들었다. 네 종류의 아모코를 모두 모아 보았지만 어떤 신호도 제대로 감지되지 않았다.

아이들이 당황하고 있는 사이, 물체는 어느 새 아이들 가까이까지 다가왔다. 가까이 다가온 물체는 다름 아닌 사람이었다. 그는 오래 된 양복을 입고 낡은 지팡이를 들고 있었는데, 몹시 화가 난 듯 얼굴이 붉으락푸르락했다.

"얘들아, 안녕? 이렇게 화가 난 채로 인사해서 미안."

아이들은 인사하는 것도 잊은 채, '얼마나 화가 났으면 머리카락이 저렇게 꼿꼿하게 설 수 있지?' 라는 생각을 하며 웃음을 참았다.

"안녕하세요? 아저씨도 길을 잃고 외계인을 만나셨나 보군요. 저는 이 아이들 덕분에 이런 걸 타 보지만……."

아해가 인사를 했다.

"무슨 소리니? 여긴 '눈물과 슬픔의 막' 이야."

아저씨가 어리둥절해하며 대답했다.

"'눈물과 슬픔의 막?' 공간을 이동시키는 주름막이 아니었어?"

아니말로가 황당하다는 표정으로 말했다.

"주름 생기는 소리 하고 있네. 이 곳은 눈물과 슬픔의 막이야. 그 동안 지구상에 나타났다가 멸종한 생물들의 슬픔이 모여서 만들어진 공간이라고."

화가 난 표정으로 아저씨가 대답했다.

플란토가 대뜸 물었다.

"그럼, 아저씨도 멸종한 생물이야?"

"웬 반말?"

아저씨가 황당하다는 듯한 표정으로 물었다. 그래서인지 그의 머리가 더욱 꼿꼿하게 섰다.

"지구 나이와 우리 행성 비비의 나이를 비교할 수 없으니, 무작정 존대하기는 억울하지."

플란토가 뜨악한 표정으로 말했다. 그 말에 아해가 쿡쿡 대며 웃었다.

"좋아. 나도 트인 인간이니까 그 정도는 이해해 주지. 참, 아까 뭐라고 물었지?"

아저씨는 머리를 긁적이면서 다시 물었다.

이번에는 미네랄로가 말했다.

"아저씨도 멸종한 생물이냐고?"

"뭐?! 그것 참 상징적이고도 깜찍한 질문이네. 간단명료하고 솔직 담백하게 대답하자면, 나는 스스로 멸종한 지구상 최초 종족의 선구자이지. 무슨 말인지 알겠어?"

"아니, 무슨 말인지 모르겠어."

아이들 모두가 고개를 저었다.

"억지로 알 것까지는 없어. 참, 나는 부께티쵸라고 해. 그냥 부께라고 불러."

부께티쵸가 다정한 목소리로 말했지만, 여전히 표정은 화가 난 채였다.

"부께가 뭐예요? 우리 이모가 결혼할 때 들었던 꽃다발을 부케라고 하던데, 아저씨 머리가 꼭 부케 같아요."

아해가 부께의 헝클어진 머리카락을 보면서 말했다.

부께는 잠시 무엇인가 생각하더니 다시 제안했다.

"그럼, 티쵸라고 부를래? 아니면 께티? 아님 쵸티? 티께? 께부?"

아이들은 부께티쵸의 말에 한참을 웃다가 그냥 부께라고 부르기로 했다.

"나도 원래 이렇게 유쾌하게 살고 싶었어. 그런데 어느 날부터 그럴 수 없게 되었단다."

부께는 금세 우울한 표정을 지었다. 아이들이 궁금해하자 부께는 지팡이를 들었다. 그러자 눈물과 슬픔의 막이 빠르게 흘러가더니 이윽고 수많은 생명체들이 파노라마 사진처럼 스쳐 지나갔다. 아이들의 아모코가 바삐 돌아가며 빛을 내기 시작했다. 빛의 신호에 따라 아이들이 정신 없이 생명체들과 부딪히며 악수하고 인사하는 동안 부께가 설명을 해 주었다.

지금부터 멸종한 지구 생명체의 긴 역사에 대해 이야기해 줄게. 만약 내 설명이 이해하기 어려우면 그냥 저 생명체들과 인사만 해도 괜찮아.

……지구상에 생명체가 생겨난 뒤 지금까지 대략 대여섯 차례의 대량 멸종이 있었다고 해. 물론 그 전에도 멸종이 있었을지 모르지

만, 그 전은 화석 연구가 이루어지지 않아서 잘 모르거든. 너희들 '삼엽충'이나 '공룡'의 멸종이라는 말 들어 봤지? 아니, 못 들어 봤 다고? 아참, 너희는 지구인이 아니지. 허허허. 내가 또 깜빡했구나. 아무튼 그랬어. 무슨 이유에서인지 번성하던 생물체가 갑자기 지구 에서 사라져 버렸단다. 지구 전체의 다양한 생물이 거의 한꺼번에 멸종했다는 뜻에서 '대량 멸종'이라고 해. 물론 여러 이유가 있었겠 지. 먹이가 없어졌거나, 기후가 변했거나, 전염병이 돌았거나, 바닷 물의 농도가 변했거나, 화산이 한꺼번에 폭발했거나…….

아, 안녕? 저게 바로 삼엽충이야. 그 옆에 고생대 암모나이트도 있네. 쟤들도 한꺼번에 멸종했지. ……아, 그래. 아직도 왜 멸종했 는지 모르겠다고? 그러게 말이다……. 아, 저기 근사한 거대 잠자리 가 오네. 저런, 우리를 보지 못하고 그냥 지나치는구나. 그럼, 다음 에 보지 뭐. 그때가 되면 너희가 왜 멸종했는지를 조금이나마 알 수 있으려나…….

저기 거대한 식물들이 줄지어 지나가는구나. 겉씨식물들인데, 한때 땅덩이를 가득 메우는 대삼림을 이루었지. 아마도 기후 변화 로 한꺼번에 말라 죽었을 거야. 겉씨식물들이 죽었을 때 지구의 대 량 멸종은 정말 엄청났어. 대략 2억 5000만 년 전쯤인데, 대량 멸종 가운데에서도 타격이 가장 컸을 거야. 식물이 죽어 버렸으니 식물 을 먹고 살던 초식 동물이 다 죽어 나가고, 그 초식 동물을 먹고 살 던 육식 동물이 죽어 나가고……. 그래서 연쇄적으로 모두 죽어 버 렸지.

아 그래, 안녕? 이제 유명한 애들이 지나가는구나. 공룡들이야,

멋있지? 싸움꾼 티라노사우루스야. 손 좀 흔들어줘. 화가 나면 무슨 짓을 할지 몰라. 저기 멋쟁이도 있네. 목 뒤의 볏이 멋있지? 트리케라톱스야. 아 그래, 안녕? 순하디 순하게 생긴 알라모사우루스야. 그래, 아직도 울고 있구나. 너무 슬퍼하지 마. 모든 생명체는 태어나면 죽게 마련이야. 뭐라고? 자손도 남기지 못했다고? 그래, 그건 많이 슬프다. 나도 슬퍼⋯⋯. 잠깐, 코 좀 풀고. 그래도 새는 남겼잖아. 새는 오늘날까지도 지구의 하늘을 맘껏 날아다니거든.

아이쿠, 뭐가 날아갔지? 아, 프테라노돈이구나. 새들의 조상이 바로 저 공룡이야. 그래, 잘 가. 그래도 너희는 멸종의 원인을 알고 있잖아. 거대 운석이 지구에 충돌하지 않고 조금만 비껴 갔더라면 지금 지구에서는 아직도 너희들이 쿵쾅거리며 살고 있겠지.

자, 여기 아주 중요한 분이 지나가신다. 그래, 안녕하신가? 뭐라고? 사람 아니냐고? 맞아. 사람이기는 한데, 혹시 네안데르탈인이

라고 들어 봤니? 그래, 오래 전에 지구에 등장했던 인류의 조상이지. 물론 직접적인 조상은 아니야. 어쩐 일인지 모두 멸종해 버렸으니까. ……지금의 현생 인류인 호모사피엔스 이전에 여러 종류의 인간들이 있었다는 말이야. 호미니드, 즉 분류학상 사람과(科)의 인간들이지. 지금은 현생 인류 단일종만 남고 모두 멸종했어. 아, 결국 인류는 그나마 단일종에서 벗어날 수 있는 기회를 놓친 거지. 지금 저 네안데르탈인과 같이 살고 있다면 지구인들의 사는 모습은 굉장히 달라졌을 텐데 말이야. 서로 죽도록 싸웠을까? 그래서 지금 우리 인류가 네안데르탈인을 모두 죽여 버린 걸까? 아니면, 네안데르탈인이 밀려나서 스스로 멸종해 버린 걸까? 참, 궁금해. 물어 보고 싶어도 '우, 우, 우' 하는 소리만 내니 알 수가 없어. 나는 지금 우리 인류의 야만성과 공격성을 볼 때 스스로 이웃 인류를 해치는 데 한몫 했을 거라고 생각해. 슬픈 일이지만…….

취약한 단일종, 인간

부께의 긴 설명을 듣는 동안 아해와 게노는 몹시 힘들어했다. 아
해는 멸종한 생물들이 지나칠 때마다 그들의 슬픈 눈망울에 눈을
맞추며 같이 슬퍼했다. 게노도 허공에 비스듬히 누웠다.

"아마도 멸종한 생물들의 한숨과 눈물이 가득해 너희가 감당할
수 없었나 보구나. 미안하다. 내가 너무 많은 걸 보여 주려다가 그
만……."

부께가 사과하며 겉옷 주머니에서 손수건을 꺼내 아해의 이마를
닦아 주더니, 다른 주머니에서 바나나를 꺼내 들었다. 아이들이 지
구인의 음식을 먹지 못한다면서 모두 사양하자 아해가 받아들였다.
아해는 바나나 껍질을 까서 맛있게 먹었다. 부께는 아해의 먹는 모
습을 보면서 말했다.

"바나나도 머지않아 저기 눈물과 슬픔의 막으로 흘러가게 될지도
몰라."

궁금해하는 아이들에게 부께는 바나나 역시 인간처럼 단일종만
남아 있기 때문에 치명적인 질병이 생기면 순식간에 사라질 것이라
고 설명해 주었다. 어떤 종이든 다양한 종이 존재해야 생존할 수 있
는 확률이 높으며, 단일종은 언제나 멸종으로 이어졌다는 게 그의
주장이었다. 환경에 변화가 생겼을 때 적응이 잘 되는 종과 그렇지
못한 종이 있어야지만, 한쪽이 멸종하더라도 다른 쪽이 살아남아서
종족을 유지해 나갈 수 있다. 그런데 단일종만 남게 되면 어떤 요인
에 대해 모두 나쁘거나 좋기만 하기 때문에 재수 없이 나쁜 조건이

생기면 단번에 모두 치명상을 입을 수 있다는 말이다.

"그런 점에서 인간은 유전적으로 생존에 매우 불리하지. 단일종이니까 말이야. 어떤 한 가지 질병만으로 인류 모두가 죽을 수도 있어. 아주 취약해. 그래서 종의 다양성이 중요한 거야. 생존에 절대적으로 필요한 거라고."

부께가 설명을 마치고는 "알아듣겠니?"라고 물었지만, 아이들은 건성으로 고개를 끄덕였다. 아해만이 심각한 얼굴로 중얼거렸다.

"인간은 정말 큰일났네요. 스스로도 유전적으로 취약하고, 다른 동식물의 다양성도 해치고 있으니."

부께가 아해의 얼굴을 다시 물끄러미 바라보더니 머리를 쓰다듬으며 조심스럽게 말했다.

"넌 인간이 걱정되니? 아직 애정이 남아 있는가 보구나."

아해는 대답 대신 부께의 손등을 가만히 쓸어 주었다.

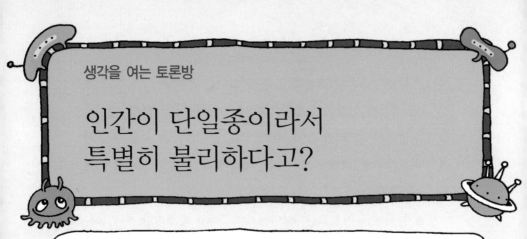

인간이 단일종이라서
특별히 불리하다고?

부께 아저씨 말대로 인간이 단일종이라서 생존에 불리하다면, 왜 인간은 그렇게 외로운 생명체로 진화했을까?

그거야 인간들에게 물어 봐야 알 수 있는 것 아니겠어? 당신 긴코사람, 긴꼬리사람, 붉은손바닥사람이 없어서 외롭냐고. ㅋㅋ.

지금까지 들은 대로라면 인간들은 결코 외로워하지 않는 것 같아. 외롭다면 다른 생물들과 잘 지내야지.

혹시 스스로 외롭기를 바라는 건 아닐까?

맞아! 원래는 단일종이 아니었는데, 어떤 교만한 종족이 나머지 종족을 멸종시키고 혼자만 살아남았을지도 모르잖아.

어우, 너무 못됐다.

자기와 비슷한 종족과도 잘 지내지 못했다면, 다른 종류의 생물들과는 말할 것도 없겠지.

하지만 그래서 결국 지구의 주인인 양 혼자 잘 살고 있는 것 같은데?

잘 살고 있다고?

그래. 인간이 지구에서의 생존에 실패하고 있는 게 아니잖아. 그것을 보면, 단일종이라고 해서 특별히 불리한 게 없었던 것 같은데?

그건 아직 모르지.

단일종이 생존에 불리한지 아닌지는 인간 스스로 증명하게 될 거야.

멸종으로 증명하게 될 거다, 이 말이지? 와, 게노. 무서운걸?

그렇지. 한 가지 방법으로 모두를 전멸시킬 수 있다는 거니까, 전멸의 가능성이 무척 높다고 봐야겠지.

비슷한 이웃 종족이라도 살아남아야 다시 분화하고 진화할 텐데…….

인간 종족이 씨도 안 남기고 몽땅, 한꺼번에, 단숨에, 확, 깡그리 사라진다 이거지.

모두 미워하는 존재가 단숨에, 몽땅 없어진다니 마침 잘 됐네.

그래, 없어지기를 기다렸다가 우리가 지구를 접수하면 그만 아니야?!

꼭 그렇게까지 해서 남의 것을 빼앗아야겠냐?

그게 왜 빼앗는 거야? 그저 조금만 기다리자는 거지.

남이 망할 때까지 기다리자는 놈처럼 치사하고 비겁한 놈 없더라.

뭣, 놈이라고?

이크, 미안. 속으로만 생각했는데, 왜 글자로 떴지?

속으로는 욕했다 이거지? @#$%^&*&^%$#!!!

휴우, 자알들 논다~! 가뜩이나 기운 없어 죽겠는데…….

작별 인사를 하는 생물들

"앗, 저기, 저기를 봐."

갑자기 부께가 벌떡 일어섰다. 눈물과 슬픔의 막에 갑자기 엄청나게 많은 동식물이 지나가기 시작했다. 부께가 뛰어가 그 틈새에서 소리쳤다.

"와~! 저기 아름다운 새가 보이지? 스픽스 마코앵무새야. 브라질에 살던 새인데, 최근에 멸종했어. 이제부터는 지금의 인류와 함께 살다가 멸종한 동식물들이 지나갈 거야. 바야흐로 대량 멸종이 다시 진행되고 있는 조짐을 확실히 보여 주고 있어. 저기 모아새도

도도새
인도양 마다가스카르 군도에서 살았던 새.
날지 못하는 새였는데, 선원들의 사냥과
쥐와 돼지의 공격으로 1780년경 멸종했다.

스픽스 마코앵무새
브라질과 열대우림에 서식하던 앵무새.
사람들의 수집 열기와 사냥으로 2000년까지
단, 한 마리만이 생존해 있었으나 멸종했다.

매머드
유라시아와 북아메리카의 추운 지역에 서식하던
초식 동물.
4만년 전부터 1만 년 전까지 생존했던 동물로,
지금은 멸종되었다. 몸 길이는 4미터 정도이며,
털로 덮여 있고, 굽은 엄니가 있다.

있어. 그 옆에 아아, 불쌍한 도도새, 날지 못하던 도도새 말이야. 저 새도 멸종해 버렸지. 도도새를 어깨에 태운 거대한 털북숭이 매머 드도 보이지? 아, 미처 인사할 겨를도 없이 떼로 밀려드는구나. 큰 바다쇠오리, 나그네비둘기. 그래, 안녕이다, 안녕, 영원한 안녕이 지. 콰가얼룩말이 참 예쁘지 않니……?"

부께는 그렇게 한참 동안 인사를 나누다가 지쳤는지 자리에 털썩 주저앉아 땀을 훔쳤다. 부께가 한숨 돌린 것을 확인하고 아니말로 가 물었다.

"그런데 부께. 지금까지 본 것처럼 지구에서는 여러 차례 생물의 대량 멸종이 있었던 걸 알겠어. 그렇다면 그건 지구 역사에서 자연

나그네비둘기
북아메리카에 서식하던 비둘기.
몸 길이가 약 43센티미터로 1910년대에 멸종했다.
식량이나 깃털을 얻기 위해 마구 잡아 멸종한 경우이다.

콰가얼룩말
아프리카 남부에 살던 얼룩말. 말과 얼룩말의
근연종으로 1883년 마지막 말이 죽음으로써
완전히 멸종되었고, 야생에서는 가죽을 얻기
위해 마구 잡아 그 전에 이미 멸종되었다.

큰바다쇠오리
북대서양과 북극해에 서식하던 바닷새.
몸 길이 80센티미터로 모습이 펭귄을 닮았다.
1844년에 멸종했다.

스러운 흐름이 아닐까? 멸종하고, 다시 생겨나고, 다시 멸종하고……."

부께는 크게 한숨을 쉬었다.

"맞아, 그게 생명의 운명이야. 무엇이든 영원한 것은 없으니까. 생명이 생겨난 이후로 지구 생명체 가운데 약 99퍼센트가 사라졌다고 해. 멸종은 어쩔 수 없는 자연 현상이었지. 인간들이 나타나기 전까지는 말이야."

"그 말은 인간들이 나타나면서 뭔가가 달라졌다는 것이지?"

미네랄로가 다시 물었다. 부께는 미네랄로의 말에 고개를 크게 끄덕이며 대답했다.

"그렇지. 지금 지나가는 생물들은 아까와는 좀 달라. 쟤들은 인간이 지구에 살기 시작하면서부터 멸종한 것들이야. 인간이 살면서부터 어떤 곳이든 인간이 영역을 넓히는 그 곳에서는 반드시 생명체의 멸종이 진행되었어."

"결국 인간의 활동이 멸종의 직접적인 이유가 되었다고 볼 수 있겠군."

미네랄로가 손가락으로 자신의 머리를 톡톡 두드리며 말했다. 부께가 감탄하는 표정으로 쳐다보며 설명을 이어 나갔다.

"그래, 바로 그렇지. 지금 지구에는 4000종의 포유류가 있는데, 그 가운데 5분의 1이 멸종 위기에 처해 있어. 그리고 양서류는 3분의 1, 침엽수 식물은 4분의 1이 위기라는 연구 결과도 나와 있지. 인간은 생태계에 무관심하고 무책임한 유일한 지적 생명체야. 그러니 '인간은 앞으로 더욱 외로워지고, 더욱 단조롭게 살게 될 것'이라는 비아냥대는 소리까지 듣는 거야."

"그러니까 인간을 지구의 약탈자라고 부를 수 있는 거네. 지구의 주인공이 아니라."

미네랄로가 엉덩이에서 회색빛을 쏘아 대며 화난 목소리로 말했다. 플란토도 화를 냈다. 그런 아이들 얼굴을 보면서 무엇인가를 곰곰이 생각하던 아니말로가 물었다.

"그런데 궁금한 게 있어. 부께는 동식물의 멸종이 나쁜 거라고 생각해? 지구 역사에서 몇 번씩이나 있었던 자연 현상이라면서 왜 화를 내고 있는 것처럼 보이지?"

"뭐야, 토론방에서 했던 이야기잖아? 그 이야기를 또 시작하자고?"

플란토가 머리를 흔들며 말했다.

"아니, 부께의 생각이 궁금한 것뿐이야. 부께는 인간 편이 아니라 사라진 생물들 편인 것 같아서."

아니말로가 머리를 긁적이며 말했다.

부께는 씩 하고 웃더니 아이들에게 물었다.

"글쎄, 왜 그럴까? 단순히 동정심일까? 생명은 사람이나 동물, 식물 모두 똑같이 귀하다는 생각에서일까? 어떤 것 같아?"

아이들은 고개를 갸웃했다. 정말로 왜 그런지 잘 몰라서였다.

부께는 싱글싱글 웃으며 말을 이었다.

"멸종한 동식물이 좀 안 되었기는 해. 하지만 그렇다고 해서 멸종 자체를 나쁘다거나 좋다고 이야기할 문제는 아니라고 생각해. 그건 그냥 자연 현상일 뿐이야. 내가 관심을 갖는 것은 지금 현재 분명히 전혀 자연적이지 않게, 빠르게 진행되고 있는 대량 멸종이야. 그리고 이것은 자연 현상이 아니라 바로 인간이 원인이지. 숲을 없애고, 대량으로 연료를 사용하고, 대량으로 동물을 잡아 죽이면서 환경을 망쳐 놓았어. 그 결과 빠른 속도로 동식물이 우리 곁에서 사라지고 있는 거야. 다르게 말하면 인간들이 목을 졸라서 멸종시키고 있는 거지."

"그럼, 결국 부께는 동식물에 대한 예의를 지키라는 거야? 생명에 대한 예의?"

아니말로가 끈기 있게 물었다.

부께는 아니말로의 깊이 있는 질문이 몹시 마음에 든 것 같았다. 부께는 고마워하면서 또박또박 열정에 차서 대답했다.

"물론, 그런 것도 있기야 하겠지. 그렇지만 내가 딱하게 생각하는 것은 그래서가 아니야. 나는 인간들이 스스로의 생존을 위해 생명의 다양성을 지켜야 한다고 생각해. 생명체뿐만 아니라 문화까지도 모든 다양성은 해치면 안 된다고 생각해. 지금 우리가 살아야 하고, 또 우리 후손이 살아야 하기 때문에 환경을 지키자는 것이야. 그렇게 하기 위해서는 생명의 다양성이 유지되어야 하고, 생명의 다양성이 유지되려면 생태계를 잘 보존해야 해."

"인간을 위해서란 말이지?"

아니말로가 매우 진지한 표정으로 묻자 부께는 더욱 신이 났다.

"그게 사람들을 설득하기에 가장 좋은 생각이 아닐까? 나도 아주 현실적인 사람이거든. 내가 흥분하는 이유는 첫째, 많은 것이 사라짐으로써 그것들이 가지고 있던 값진 정보도 함께 사라지기 때문이야. 둘째, 우리가 우리 자손들에게 많은 것이 사라진 축소된 자원 세계를 남겨 주는 것은 도덕적으로도 무책임한 일이기 때문이지. 인간에게는 다른 동식물에게서 얻은 자원과 정보가 엄청나게 많아. 많은 식물과 동물을 연구하면 할수록 인간이 도움받을 일은 점점 더 많아질 거야. 그러니 인간 손으로 멸종시키거나 멸종을 앞당긴다는 것은 혹시나 얻을 수도 있는 결정적인 도움을 스스로 내버리는 일이 될 수도 있어. 우리 세대가 얻지 못하는 것에서만 끝나는 것이 아니라 우리 후손에게까지도 그 기회를 막아 버리는 셈이니 내가 화를 내는 건 당연하겠지?"

부께의 열정적인 주장을 듣고 난 아니말로는 한참을 더 생각했다. 그러더니 손가락을 튕기며 결론을 내렸다.

"스스로의 생존 문제에까지도 이렇게 어리석고, 게다가 다른 생명들과 조화롭게 공존하지 못하는 성격이라면 우리와도 같이 살 가능성이 없는 것 아니야? 지구 탐사는 이것만으로도 충분히 결론내릴 수 있을 것 같은데?"

그러자 아해가 가슴을 감싸안으며 신음에 가까운 소리를 냈다.

"아직 일러. 기회는 있다고."

"아, 물론 기회는 있지. 좀더 두고 보면 될 거야. 앞에서도 보았듯이 지구 온난화로 지구는 사람들 스스로에게 큰 위협이 되고 있어. 게다가 대량 멸종이라는 위기도 스스로 만들고 있고. 가장 위험한 것이 누구겠어? 사람들 자신이라고. 스스로 자초한 위험으로 인간이 사라져 버리고 나면, 지구는 다시 또 생명의 역사를 새롭게 쓰게 될 거야. 오히려 그 편이 나을지도 몰라."

아니말로가 차갑게 비아냥거렸다.

"진정해, 아니말로. 게노 말을 잊었어? 그러면 우리는 먼 곳에서 힘들게 찾은 지적 생명체 친구를 잃는 거라고."

플란토가 아니말로의 머리에 손을 얹어 초록빛 오로라를 띄우며 진정시켰다.

"그래, 사람들 모두가 그렇지는 않을 거야. 우리는 아직 사람들을 많이 만나 보지 못했잖아? 미리 단정하는 건 옳지 않아."

게노가 기운을 내어 말했다. 그 말에 아이들은 서로를 격려했다.

"저게 뭐지?"

아해가 손으로 가리킨 곳을 보니 멀리서 눈물과 슬픔의 막이 갈라져 있는 것이 보였다. 아니, 갈라져 있다기보다는 옆으로 샛길이 나 있는 것처럼 다른 작은 막이 연결되어 있었다. 조금 전까지도 천천히 흐르던 막의 흐름이 조금 빨라졌다.

"앗, 아프리카물소다! 아니, 벌써 멸종되었단 말이야?"

부께가 작은 막 안에 보이는 동물을 가리키며 반가운 표정을 짓더니 이내 펄쩍 뛰며 화를 냈다. 그렇다면 작은 막은 지금 멸종되어 눈물과 슬픔의 막으로 들어오는 생물들의 통로라는 말인가? 아이들이 추측하는 사이 부께는 지팡이를 허공에 대고 흔들면서 화난 목소리로, 대략 1년에 3만 종이 넘는 생물이 멸종되어 들어온다고 소리쳤다. 엄청난 숫자에 아이들은 깜짝 놀랐다.

생명에 대한 예의를 갖춰야 해!

"앗! 저기 누가 또 있어!"

플란토가 외치며 손가락으로 가리켰다. 정말 누군가가 아프리카 물소를 타고 둥실둥실 떠오고 있었다. 가까이 다가오자 부께가 아는 체를 했다.

"오, 누군가 했더니 당신이군. 안녕, 두걸세걸!"

'두걸세걸'이라는 이상한 이름에 아이들은 쿡 하고 웃음이 나는 것을 억지로 참았다. 마치 '두걸레 세걸레'라고 말하는 것 같았기 때문이다.

"안녕, 부께. 이 아이들은 누구지?"

두걸세걸도 반갑게 인사하며 물었다.

"외계 친구들이에요. 지구를 탐사하고 있어요."

아해가 친구들을 소개했다.

"그런데 왜 화가 난 부께와 같이 있어?"

두걸세걸이 아프리카물소 위에서 흔들흔들하며 물었다.

"험험. 내가 지구에서 일어나고 있는 대규모 생물학적 재앙에 대해서 이야기해 주고 있는 중이라네."

부께가 약간 거드름을 피우는 듯한 태도로 말했다.

두걸세걸이 씩 웃으며 말했다.

"부께, 자넨 걱정이 너무 많아 탈이야. 뭐가 문제야? 물론, 대량 멸종이 눈앞에 보이기는 하지. 그리고 그것이 지구 환경과 생태계에 큰 변화를 몰고 올 것도 틀림없는 사실이고."

"그런데 어떻게 걱정을 하지 않을 수 있는가?"

부께가 볼멘소리를 냈다. 두걸세걸이 약을 올리듯 콧노래를 부르다가 다시 말했다.

"길게 놓고 생각해 보세. 지구상에서 멸종은 흔한 일이야. 환경이 변하면 멸종이 되고, 그 다음에는 그 변화된 환경에 적응한 새로운 종이 생겨나지. 새로운 종은 새로운 진화를 거듭하며 지구의 땅과 바다와 강과 하늘을 가득 채울 것이네. 도대체 뭐가 비관적이라는 거야?"

"아까 네가 한 말과 같은 말 같지 않니?"

미네랄로가 아니말로의 팔을 툭 치며 속삭였다. 아니말로는 어깨를 으쓱했다.

"그야 물론 우리가 인간이기 때문이지. 그러니까 우리가 잘 살아가는 게 의미 있기 때문이야. 우리가 잘 살려면 우리 스스로 환경을 망가뜨리는 어리석은 짓은 하지 말아야 해. 같이 살고 있는 생물들에게 예의를 갖추기 위해서라도 말이야."

부께가 두걸세걸을 설득하듯 차근히 말했다.

두걸세걸은 아프리카물소의 귓바퀴를 쓰다듬으며 말했다.

"좀더 크게 보자고. 인간이 아니라 더 큰 생명이라는 관점에서 보자는 말이야. 어차피 50억 년 후에는 태양이 연료를 모두 사용하고는 부풀어오를 거야. 그 때가 되면 지구도 생명이 다해 증발해 버릴 테지. 그렇지만 이 우주 어느 곳에서는 지구에서처럼 또 다른 생명이 탄생하여 진화하고 있을 거야. 아이처럼 말이야. 인간이 이 작디작은 행성에서 살다가 환경을 망가뜨리고 죽었다 한들, 이 넓은 우주에 바뀌는 것은 하나도 없어. 그저 본인들 스스로에게나 죽고 사는 엄청난 문제일 뿐이지. 얘들아, 어떠니 내 말이?"

아니말로가 고개를 크게 끄덕였다. 부께는 화가 나서 얼굴이 붉으락푸르락했다. 아해가 고개를 가로저으며 말했다.

"그렇게 생각하면 마음이 편해요? 난 편하지 않은데……."

두걸세걸은 아해를 향해 몸을 기울이더니 귀에 대고 속삭였다.

"말은 이렇게 해도 사실 나도 마음이 불편해. 실은 나도 우리 인간이 겸손을 더 배워야 한다고 생각하거든. 지구상에서 가장 앞선 지적 생명체로 살고 있다면 그만큼의 겸손과 책임감을 가져야지."

"그러면서 왜 이 심각한 사태를 그렇게 가볍게 말하는 것인가?"

부께가 입맛을 쩝쩝 다시며 볼멘소리를 냈다.

두걸세걸은 다시 싱긋 웃으며 말했다.

"자네가 너무 심각해 보여서 그랬지. 때로는 다른 생각도 좀 하면서 머리를 식히라고!"

부께가 살짝 입술을 삐죽이며 고개를 돌렸다. 부께의 눈에 다시 동물의 무리가 흘러가고 있는 것이 들어왔다. 부께는 깜짝 놀라 눈을 비볐다.

"아까도 아프리카물소는 아직 때가 안 되었다고 생각했는데……. 아니, 아프리카코끼리까지! 저건 검은코뿔소아니야? 그 뒤에는 검은등자칼이 보이는구나. 가만 있자, 이건 아무래도……."

부께는 눈을 가늘게 뜨고 작은 막의 동물들을 한참 살펴보더니 두걸세걸의 얼굴을 쳐다보았다. 두걸세걸이 애석하다는 표정을 지어 보이자 부께의 얼굴에 절망이 스쳤다. 잠시 침묵이 흘렀다.

그 사이 모두는 어느 새 갈림길에 서 있었다. 아이들의 아모코는 두걸세걸이 나타났던 작은 막 쪽으로 알록달록한 빛의 오로라를 비추었다. 두걸세걸과 부께의 옷자락은 눈물과 슬픔의 막 쪽으로 빨려들 듯이 휘날렸다.

부께가 아쉬워하며 말했다.

"얘들아, 아무래도 우리는 여기서 헤어져야겠다. 이것들은 아직 멸종하지 않은 것들이야. 우리는 저쪽 멸종된 것들을 위로해 주러 따라갈 테니, 너희는 이것들을 따라가야 할 듯하구나. 가서 내 말 좀 잘 전해다오."

아이들은 고개를 끄덕였다. 부께는 아이들에게 배운 대로 긴 손가락을 뻗어 아이들의 손가락 끝과 마주 댔다. 그러자 오색 빛이 퐁퐁 솟았다. 두걸세걸도 손가락을 뻗어 주었다.

두걸세걸은 눈물과 슬픔의 막으로 빠르게 흘러가면서 손수건을 흔들었다. 부께가 외치는 충고의 말이 점점 멀어져 갔다.

"인간이 조화롭게 살아남으려면 한 가지를 명심해야 한다고 말해 줘. 무엇이든 생명체는 다양해야 발전할 수 있다고 말이야. 다양하고 풍부해야 누구든 살아남을 수 있어. 다양성을 해치는 모든 인간 활동은 지금 당장 중지해야 해. 그것이 바로 인간 자신의 생존을 위해서도 좋아!"

부께는 몇 마디 말을 더 하려고 했지만, 두걸세걸이 부께의 지팡이를 잡아끌었다. 아이들이 손을 흔들면서 보니 두 아저씨는 여전히 티격태격하며 둥실둥실 떠가고 있었다.

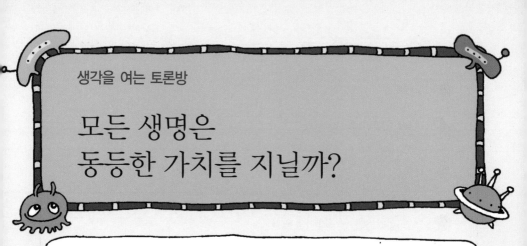

모든 생명은
동등한 가치를 지닐까?

궁금한 게 있어서 나도 너희들 토론방에 들어왔어. 괜찮겠지?

물론 대환영이야. 우리 토론방은 전 우주에 열려 있어.

실명 인증도 요구하지 않아. 맘 놓고 실컷 말하라구!

좋아, 말하지. 궁금한 것은 이거야. 우리 인간들은 스스로를 '만물의 영
장'이라고 해. 그 어떤 것보다도 고귀한 존재라는 뜻에서 하는 말이야.
그런데 또 어떤 사람들은 모든 생명은 다 똑같은 가치를 갖는다고도 해.
과연 모든 생명은 동등한 가치를 지닐까? 아니면 인간은 좀 특별한 존재
일까?

와, 좋은 주제인데!

넌, 아프다며?

토론방에서는 에너지 소모가 크지 않으니까 괜찮사옵니다.

소인은 에너지 소모가 크더이다.

그거야 당신께서 쓸데없이 흥분하니까 그렇다고 사료되옵니다.

게다가 두뇌의 처리 용량도 적으시고.

🐛 무에라?

🧚 너희들, 뭐하냐?

👹 농담은 이제 그만 하고 토론을 계속하자. 우리도 우리 별에서 특별한 존재였어. 그렇지?

🐢 그건 우리들만의 생각이었을걸?

👾 우리 생각이 중요한 게 아니야?

🐻 남이 인정해 주지 않는데 혼자서 귀하다고 아무리 우기면 뭘해? 우리 스스로가 아닌, 다른 누가 특별하다고 해야지.

🦀 플란토 말에 한 표! 아무도 우리 보고 귀하다고 인정하지 않았어. 그냥 우리끼리 자가 발전한 거야. 자아도취라고.

👹 그럼, 우리가 특별하지 않았단 말이야? 우리가 이 우주 안에서 굉장히 특별하고 독특한 존재가 아니란 말이야?

🐻 아, 특별하고 말고. 다만 우주 안의 모든 존재가 다 특별하고, 다 신비롭다는 거지.

🧚 그럼, 결국 아무도 특별하지 않다는 말이잖아.

🦠 그렇지. 누구나 다 똑같다는 말이지.

🧚 어떻게 생각과 느낌과 감정과 의지 등의 복잡한 정신작용이 있는 존재와 아무 생각 없는 존재가 똑같을 수가 있어? 그건 너무, 뭐랄까……
너무…….

🐛 너무, 뭐?

그래, 너무 허무한 것 같아!

 어쨌든 나도 그 점에서는 우리나 인간 모두 다른 것들과 비교해서도 특별한 존재라고 생각해.

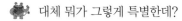 대체 뭐가 그렇게 특별한데?

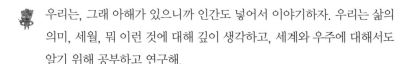 우리는, 그래 아해가 있으니까 인간도 넣어서 이야기하자. 우리는 삶의 의미, 세월, 뭐 이런 것에 대해 깊이 생각하고, 세계와 우주에 대해서도 알기 위해 공부하고 연구해.

 때로는 도를 닦기도 하지.

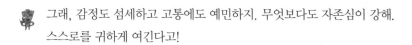 그래, 감정도 섬세하고 고통에도 예민하지. 무엇보다도 자존심이 강해. 스스로를 귀하게 여긴다고!

잠깐! 감정이니 고통이니 스스로를 보호하려는 의지 같은 건 다른 모든 생물도 마찬가지야. 조금 더 예민하다고 잘난 척할 건 없어.

맞아. 고통이라는 건 결국 자기 몸을 보호하려고 생겨난 거잖아. 죽지 않으려고 말이야. 그러니까 아파서 비명을 지르지 않는다고 해서 고통에 둔하다고 무시하는 건 나빠.

지구 생물 가운데에서 인간의 신경망이 가장 많이 분화되고 복잡한 것 같기는 해. 그러니까 아마 감각이나 감정이 훨씬 더 예민할 거야. 문제는 그렇게 예민한 것들은 둔한 것보다 더 귀한 대접을 받아야만 하느냐, 이거지.

이제야 논의가 제대로 되고 있군.

글쎄, 그건 대접하고 말고의 문제가 아니라, 어떤 마음으로 이용하느냐의 문제인 것 같은데?

그래. '저것들은 감정이 없어.' 또는 '거의 고통을 못 느끼거나 조금밖에 느끼지 못해. 그러니까 나는 저것들을 마음껏 이용하고 먹어도 돼.' 하는 생각이 옳으냐는 거지.

당연한 것 아니야? 뭐가 잘못이야?

그럼, 지구에서도 인간이 마음대로 해도 되겠네?

인간은 이전의 생물들과 많이 달라. 지능도 뛰어나고, 세계를 자신들이 살기에 알맞게 뜯어고치기까지 해. 자신의 생명이나 우주에 관해 지구상에 생겨났던 그 어떤 생물체보다도 많이 고민하고 많이 알아 가고 있어. 이만하면 인간이 가장 귀하다고 할 수 있지 않니?

그럼, 인간보다 더 지능과 능력이 뛰어난 어떤 것이 나타나서, "우리가 너희보다 더 예민하니까 너희들을 우리 마음대로 쓰겠다. 너희는 우리를 위해서만 존재하는 열등한 가치를 지녔다."라고 해도 괜찮다는 거야?

글쎄…… 만약 우리가 인간들과 같이 살 일이 생긴다면, 인간들은 우리 말을 들어 주지 않을까? 우리가 더 많이 알고 있으니, 우리 말을 듣는 게 서로에게 좋지 않겠어?

정말 그렇게 생각해?

흐흐흐. 좀 심했나? 그렇지만 어쨌든 인간과 우리 파밀리온은 비슷한 데가 있는 것 같아. 우리 파밀리온도 우리 세계 속에서 주인공이었잖아.

그건 아니래도. 우린 우리 모두가 귀하다고 여기긴 했지만, 그렇다고 우리가 아닌 다른 모든 것들이 우리를 위해서만 존재한다는 생각은 하지 않았어.

우리만 사는 게 아니었으니까 우리에게도 이롭고, 우리와 같이 사는 모든 것에게도 이로운 방법을 찾았지.

 우리는 그렇게 예의바른 파밀리온이었어!

예의를 갖춘다고 한들 그들이 그런 대접받는 걸 알아 주기나 한대?

상대가 어떻든 예의를 갖추지 않는 건 스스로의 품위를 떨어뜨리는 일이라고. 한결같은 마음으로 모든 존재를 대해야지!

아, 갑자기 우리랑 같이 살던 모든 것들이 너무 보고 싶다. 어흐흑!

진정해, 진정하라고.

그러니까 대체 인간이 귀하다는 거야, 아니라는 거야?

난 향수병이 도졌어. 인간들 문제는 인간들이 알아서 하셔.

나 삐친다~!

인간의 생각을
엿보다

카페 보노보

아이들이 둥둥 떠가는 이쪽 막은 눈물과 슬픔의 막이 아닌 것이 분명했다. 아까는 동물들이 모두 우울해 보이거나 눈물을 흘리고 있었는데, 이 곳에서 스쳐 가는 동물들의 표정은 매우 밝았다. 자기들끼리 장난도 치고, 달리기도 하고, 서로의 목에 기대어 쓰다듬기도 하고, 폴짝폴짝 뛰기도 하고, 천천히 날기도 하고, 느긋하게 나뭇잎을 뜯어 먹기도 했다. 아이들도 모처럼 긴장을 풀고 느긋한 여행을 한껏 즐겼다.

한참을 가다 보니 어느 틈에 지구의 대초원이 펼쳐져 있었다.

"세렝게티의 사바나야……."

아해가 행복한 얼굴로 말했다. 엄마를 찾아다니면서 왔던 곳이라고 했다. 아해는 흐뭇한 표정으로 사냥을 하거나 풀을 뜯는 동물들을 가리켰다.

톰슨가젤을 사냥하는 리카온, 날쌔게 달리는 치타, 낮잠을 즐기는 사자, 우아한 마사이기린, 통통 뛰는 산토끼, 떼를 지어 몰려다니는 누……. 때로는 사바나원숭이들이 아이들의 목덜미와 머리카락을 깨물고 잡아당기며 장난을 걸어 오기도 했다. 모두 행복한 마음으로 천천히 걸었다.

이윽고 아이들이 도착한 곳은 어느 카페 앞이었다. 멀리 킬리만자로 산이 까마득히 보이고, 붉고 거대한 협곡이 펼쳐져 있는 언덕에 '카페 보노보'가 있었다. 어느 새 아이들이 타고 온 공간 이동의 막은 사라지고 없었다.

아이들은 카페를 기웃거리며 주름진 협곡을 굽어보며 구경했다. 아해는 '최초의 인류가 살던 곳, 올두바이 협곡'이라고 쓰인 안내 표지판이 보이는 언덕 위에서 한참 동안 흙먼지를 맞으며 서 있었다. 플란토가 다가가자 아해는 가슴을 꼭 움켜쥐며 아프다기보다 좀 저리다고 했다. 그 때 오색의 작은 구슬로 치장한 늘씬한 마사이족 두 명이 지나가면서 아해에게 손을 흔들었다. 얼핏 보아도 용맹해 보이는 용사의 근육을 가진 그는 아해보다 나이가 한참 많아 보였다. 아해도 얼떨결에 그들에게 이를 드러내고 환하게 웃었다.

카페 안을 들여다보니 대낮인데도 사람들로 북적이고 있었다. 아이들은 카페 안으로 들어가 보기로 했다. '보노보'라는 카페 이름이 좋았기 때문이다. 아해의 설명에 따르면, 유인원에 속하는 보노보는 세상에서 가장 평화로운 동물로, 싸움을 싫어하고 미움의 감정이 없는, 오직 사랑밖에 할 줄 모르는 동물이라고 했다.

그러나 카페 이름과는 상관없이 안에 있는 사람들은 그다지 평화로워 보이지 않았다.

"자, 들어가자. 각오는 되어 있겠지?"

아니말로가 결연한 표정으로 말하자 아이들은 가볍게 손가락을 흔들었다.

"각오는 되어 있는데, 기운이 너무 없어……."

게노가 미안한 표정으로 말했다. 아이들은 게노의 어깨를 감싸 격려하며 머리 위에 영롱한 빛의 오로라를 만들어 주었다. 아이들은 아모코를 들여다보면서 자신들의 모습이 지구인의 눈에 보이지 않는지 확인했다. 어느 새 아해까지도 아모코의 작동 영역 안으로 들어와 보이지 않았다.

사람들은 이곳 저곳에서 찻잔과 술잔을 앞에 놓고 격렬한 토론을 벌이고 있었다.

"우리는 왜 사람들이 싸우는 것만 보게 되지?"

플란토가 소리를 낮추어 말했다.

"누가 우리 소리를 듣는다고 그렇게 속삭이냐?"

아니말로가 플란토를 툭 치며 말하자 모두 까르르 웃었다. 아이들은 여러 테이블을 돌아다니며 사람들의 말을 엿들었다. 대화를 나누는 사람들 바로 앞에 턱을 괴고 앉아 이야기를 들어도 자신들의 모습은 보이지 않으니 여간 재미있는 게 아니었다. 마치 빠르게 장면 전환을 하는 단막극을 코앞에서 보는 것 같아 아이들은 신이 난 나머지, 즉석에서 인물에 대한 점수까지 매기면서 돌아다녔다.

1번 테이블 : 인간만이 만물의 영장인가?

콧수염 인간이야말로 지구의 주인이오. 유일한 지적 생명체잖소. 지구 환경 그 자체가 무슨 의미가 있겠소? 저기 화성이나 금성, 목성처럼 그저 말없는 행성이란 말이오. 오직 인간만이 의미 있는 존재요. 그러니 인간이 살기 편하게 마음껏 개발하는 것이 당연하지.

붉은 얼굴 지능이 조금 있다고 해서 그렇게 오만해도 된다고 생각하오? 식물이나 동물 모두 같은 생명이오. 다 같이 행복하게 살아야지.

콧수염 같지 않아요. 인간만이 자기 존재의 의미를 생각하고, 먼 우주를 내다보며 역사와 문명을 이루어 왔어요. 인간이 동식물 때문에 활동에 제약을 받아야 한다고 생각하지 않소.

붉은 얼굴 인간도 다른 모든 생명체와 한 가족이오. 거슬러 올라가면 하나의 생명체에서 출발했소. 당신은 인간과 원숭이의 게놈 차이가 불과 1.23퍼센트밖에 나지 않는다는 것을 모르시오?

콧수염 생물학적으로는 그럴지도 모르지. 하지만 인간에게는 영혼과 지능이 있소. 그건 생물학적으로 아무리 연구해도 알 수 없는 것이오. 이렇다 저렇다 떠들 것 없소. 오직 인간만이 존엄하오. 인간보다 귀한 것은 없소. 식물과 동물, 그리고 모든 환경은 인간을 위해 존재하는 것이오. 지구는 인간의 것이오. 그게 하늘의 뜻이지.

붉은 얼굴 사람도 동물이오. 동물인 사람에게 영혼이 있다면 다른 모든 동물에게도 영혼이 있다고 봐야 하오. 또 사람에게 지능이 있다면 다른 모든 동물에게도 지능이 있다고 해야 옳지 않겠소? 마찬가지로 사람이 존엄하다면 다른 동물도 모두 존엄하오.

콧수염 동물에게 있는 것은 영혼이나 지능이 아니라 본능이오, 본능! 세상에 동물에게 영혼과 지능이 있다니. 차라리 지렁이가 노래를 부른다고 하시지.

붉은 얼굴 지능이란 뇌신경 다발의 작용이오. 인간만이 가지고 있는 것이 아니란 말이오. 조금 더 복잡한 신경체계를 가지고 있다고 해서 다른 동물들 위에 군림하는 것이 옳다고 할 수는 없소. 지렁이요? 그 말 잘 했소. 인간이 지렁이보다 지능이 우수할지 모르지만, 지구 환경에 지렁이보다 인간이 더 많이 기여한다고

생각하시오? 아시겠지만 지렁이는 땅을 헤집고 다니면서 흙 속에 공기가 잘 들어가게 해 주고, 또 배설물을 분비해서 흙을 기름지게 합니다. 그래서 어느 나라에서는 지렁이에게 환경상을 '드렸다'고 하더군요. 인간은 눈곱만큼도 환경에 기여하는 게 없어요. 그저 몇십 년, 몇백 년이 지나도 분해되지 않는 쓰레기만 만들어 낼 뿐이지. 그렇게 교만하고 염치없기 때문에 자신들의 환경을 스스로의 손으로 훼손시키는 것 아니오?

콧수염 좋소. 인간이 환경을 훼손시켰다는 것은 인정하오. 또 환경을 다시 되살릴 방법을 찾아야 하는 것도 인정하오. 하지만 그것은 어디까지나 인간 자신을 위한 것이오. 식물이나 동물을 위해서가 아니라는 말이오. 인간 자신을 위해 문명을 발달시키다 보니 어쩌다 그 부작용으로 환경이 나빠진 것뿐이오. 그러니 그 부작용을 제거하면 되는 것이오. 인간을 위해, 오직 인간을 위해 그래야 하는 것이오. 왜 인간이 지렁이나 잡초에게까지 예의와 염치를 차려야 하오?

아해 이건 조금 전에 우리가 토론방에서 나눴던 이야기 같은데?

플란토 전 우주적인 논의거리군 그래.

아니말로 미네랄로, 저기 콧수염 아저씨가 너하고 한 편 같아.

미네랄로 역시 카리스마 넘치게 생겼네.

아니말로 그래서 좋으냐?

미네랄로 좋다마다.

플란토 좋~단다! 쯧쯧쯧.

2번 테이블 : 쓸데없는 개입? 아니면 책임?

긴머리 너무 호들갑떠는 것 아니야? 인간이 지구에서 살기 시작한
지 불과 얼마 되지 않았어. 지구가 아프다고 속단하는 건 일러.

두꺼운 입술 그게 바로 문제야. 얼마 되지도 않았는데, 지구 환경은
너무 많이 변했어.

긴머리 글쎄, 그것도 길게 보면 별거 아닐 수 있다니까.

두꺼운 입술 길게 보기도 전에 지구는 이미 사람이 살 수 없는 곳으
로 변할지도 몰라.

긴머리 호호호. 지구가 사람이 살 수 없는 곳으로 변하기 전에 난
죽을 텐데 뭘 걱정해? 그냥 쓰고 즐기며 살자고.

두꺼운 입술 네 자식들은?

긴머리 그 아이들의 삶은 자신들이 책임져야지. 우리 조상이 우리
를 위해 환경을 지킨 건 아니잖아?

두꺼운 입술 그건 너무 무책임한 소리 아니니?

긴머리 인간이 자연에 개입하려는 것이 주제넘는다는 거야.

두꺼운 입술 개입이 아니라 잘못된 것을 바로잡자는 거야.

긴머리 자연은 자연의 이치대로 그냥 흘러가게 놓아 둬. 인간에게
이용당하는 것도, 자연 스스로 회복하는 것도 다 자연스러운 현
상이야. 자기 눈에 예쁜 동물이 멸종한다고 해서 억지로 살려 낸
다고 치자. 그럼, 자기 눈에 예쁘지 않은 동물은 어떻게 할 건
데? 그런 것 모두가 지나친 개입 아니야? 제발 주제넘게 굴지 말
고 그냥 놓아 두라고. 어느 날 외계인이 날아와서 인간 환경을

자기네 방식대로 마구 바꿔 버리고, 자기 기준에 맞는 사람만 살
리고 그렇지 않은 사람은 죽게 놓아 둔다면 어떡할래? 이런 것
모두가 지나친 개입이라고. 자연은 자연대로, 인간은 인간대로
살면 그만이야.

두꺼운 입술 네 말은 그럴듯하지만, 결국 자연에 대해 책임지지 않
겠다는 생각에서 나온 말들이야.

긴머리 책임 같은 소리 하네. 자, 인간 때문에 환경이 나빠져서 많
은 동식물이 멸종한다고 하자. 그럼 그것과, 소행성이 떨어져 빙

하기가 와서 공룡이 멸종한 것이 동식물 입장에서 뭐가 달라? 멸종하기는 마찬가지야. 그리고 그 종이 멸종하면 다른 생물들이 생겨나기 마련이야. 동식물 입장에서는 사람에 의해 멸종했건, 천재지변으로 멸종했건 결과는 다 똑같아. 천재지변으로 멸종한 건 자연스럽고 인간 때문에 멸종한 건 나쁜 거야? 동식물이 그렇게 생각할 것 같아? 천만에, 다 똑같아. 그러니 인간이 마치 지구를 몽땅 다 책임질 듯 떠드는 건 지나친 호들갑이야.

두꺼운 입술 그게 아니지. 자연에 대해 책임지는 것은 결국 인간을 위한 일이야. 인간이 안락한 환경에서 살아가기 위해서는 다른 생명을 보존해야 하고, 그렇게 하기 위해서는 환경을 지켜야 하는 거야. 다른 생명들이 살 수 없는 환경이라면 인간에게도 역시 가혹한 환경일 수밖에 없어. 인간과 동식물은 결국 같은 생명공동체란 말이야.

아해 저 긴머리 아가씨, 좀 이상하지 않니?

아니말로 그래, 말이 앞뒤가 안 맞아.

미네랄로 감정을 내세우지 않는 게 딱 나 같구먼, 뭐.

플란토 자연에 개입하지 않는 게 옳다면서, 지금 인간이 자연을 마음대로 개조한 것에 대해서는 아무 말도 하지 않잖아. 무책임해.

아니말로 그냥 대책 없이 아무렇게나 놓아 두면 저절로 아무렇게나 흘러갈 거다, 이런 주장이잖아.

아해 그건, 사실 주장이 아니라 그냥 생각하기 싫다는 거랑 똑같아. 아무 생각 없는 것처럼 보일까 봐 무슨 주장같이 위장한 거야. 빠득~!

플란토 얘들아, 아해 화났다. 조심해라.

3번 테이블 : 누구를 위한 보호일까?

은색 안경 자연을 보호해야 해요. 단, 그건 인간을 위해서죠. 동물
이나 식물을 위해서가 아니라 인간을 위해서라고요.

초록 원피스 아니죠. 인간을 위한 자연보호가 아니라, 인간을 포함
한 모든 생명체를 위한 보호이어야만 해요.

은색 안경 언제 동식물들이 인간에게 그렇게 해 달라고 부탁한 적
이 있나요?

초록 원피스 살고 있는 곳을 망가뜨리고 죽여 달라고 부탁한 적도
없지요.

은색 안경 바로 그거예요. 그러니 인간은 자신들이 살기 좋은 곳을
만들기 위해서 환경을 보존하는 거예요. 그 생각이 기본이지요.

초록 원피스 그건 한계가 있어요. 인간은 모든 동식물에게도 예의
를 지켜야 해요.

은색 안경 우리가 예의를 지킨다고 동식물이 알아주기라도 한대?
그건 오버예요, 오버.

보라색 귀걸이 한 마디 끼어듭시다. 동물도 고통과 즐거움을 느낍니
다. 인간만큼 예민하지는 않지만, 그들도 행복과 불행을 알아요.
인간이 행복하게 살 권리가 있듯이 동물들도 행복하게 살 권리가

있어요. 동물권이 있다고요.

은색 안경 자연은 약육강식의 세계예요. 그게 자연입니다. 생명은 수십억 년 동안 그렇게 살아왔어요. 왜 인간이 거기에 개입합니까? 스스로 주장하지 않는 생명체의 권리를 인간과 같은 위치에 놓고서 주장하는 것은 정말 오버예요, 오버. 그럼, 당신들은 고기도 생선도 우유도 먹지 않나요?

초록 원피스 먹지 않아요. 난 채식주의자예요. 채식으로도 충분히 살 수 있는데, 왜 같은 형제인 동물의 살을 먹습니까? 게다가 비좁은 사육실에 가둔 채 항생제다 성장촉진제다 잔뜩 먹여 괴롭히면서 만들어 내는 고기잖아요?

은색 안경 흥, 그렇다면 당신은 약도 먹지 않나요?

초록 원피스 약을 동물의 살로 만듭니까, 피로 만듭니까?

은색 안경 약을 만들기 위해 엄청난 수의 동물들이 실험용으로 가치 있게 쓰인다는 걸 모르시나요? 인간은 인간을 위해서 동물을 이용해야 하는데, 그게 지구의 주인인 인간의 권리예요. 그렇게 동물들이 귀하고, 인간들이 동물들에게 오직 해만 끼치는 존재라면 지구를 위해서 당장 사라져야겠네요!

초록 원피스 휴우…….

보라색 귀걸이 내가 이야기하지요. 인간과 인간 이외의 다른 생명체는 서로 사는 데 도움을 주는 상생 관계라고 봐야 해요. 누가 누구를 위해서 도구로 존재하는 것이 아니라, 서로 돕는 거지요. 그러니까 인간은 자기 스스로를 위해서도, 그리고 도움을 받는 생명체에게 보답하기 위해서라도 생태계를 잘 보존해야 할 의무가 있는 거라고요.

초록 원피스 그래도 당신과는 좀 말이 통하는 부분이 있네요.

보라색 귀걸이 내가 보기에는 두 분 다 조금씩 오버하는 부분이 있
어요. 하하하.

아니말로 그런데 인간을 위해서냐, 모든 생물을 위해서냐라는 게
왜 그렇게 중요하다는 거야?

플란토 인간을 위해서라면 인간에게 모두 이로운 것만 보호하면 되잖아.

게노 그런데 만약 인간이 모두에게 해롭기만 하다고 판단될 때는 어쩌지? 보라색 귀걸이 한 아줌마는 그것에 대해 어떤 대답을 할 것 같아?

아니말로 생물을 사랑하는 지극한 마음으로 미루어 볼 때 "인간은 모두 자폭해 없어져야 마땅해요."라고 말할 것 같아.

게노 그게 진심일까?

아해 알 수 없지.

4번 테이블 : 과학 기술을 믿어야 할까?

쉰 목소리 난 과학 기술을 믿어. 인간이 해 온 일을 봐. 약하디약한 인간이 지구에서 이룬 이 엄청난 문명을 말이야. 이건 절대 포기 못 해.

주름치마 그건 오만이지. 과학 기술이 발전한 만큼 인간이 행복해졌다고 생각해?

쉰 목소리 말은 바로 해야지. 예전보다 수명이 훨씬 더 늘어났고, 살기도 편해졌고, 자연과 우주, 그리고 인간 자신에 대해서도 훨씬 더 많은 것을 알게 되었어. 더 다양한 경험을 누리며 살게 된 것은 모두 과학 기술의 덕분이라고.

주름치마 그래서 행복해졌냐고? 더 많이 일해야 하고, 더 많이 바빠졌어. 옛날이나 지금이나 힘들긴 마찬가지야. 게다가 환경은 더 나빠졌어.

쉰 목소리 환경이 나빠진 것은 사소한 부작용에 불과해. 과학 기술은 그런 부작용과 실패를 거듭하면서 결국 인간에게 좋은 쪽으로 발전해 나가는 거야.

주름치마 사소하지 않아. 히로시마에 떨어진 원자폭탄이 사소한 부작용이라는 거야? 체르노빌 원자력 발전소의 방사능 유출이 사소한 부작용이었다는 거야?

쉰 목소리 그건 극단적인 경우이잖아. 그래 환경에 해를 끼친 부분이 있다고 치자. 그렇지만 그것을 제거할 방법도 결국은 과학 기술에서 나오는 거라고. 과학 기술은 스스로 해결책을 찾아 낼 거야.

주름치마 이제까지 실컷 망쳐 놓고 이제 와서 해결책을 찾아 낼 거라고? 너무 좋게만 생각하는 거 아니야?

쉰 목소리 세계 각지의 많은 과학자들이 지구 환경을 개선하기 위한 여러 가지 방법들을 연구, 개발하고 있어. 그걸 믿지 못하는 거야? 대체 에너지 개발 같은 건 누가 한 거지? 그것도 과학 기술이 한 거야!

주름치마 말 잘 했네. 식물로 만든 바이오 에너지가 석유를 대체할 수 있고, 이산화탄소 배출도 적다고 하여 여러 나라에서 저마다 개발에 열을 올렸던 거 생각나지? 최근 바이오 연료를 만들 곡물을 재배하느라 열대우림이 파괴되고 있어. 또 바이오 연료를 만드는 공장에서는 화석 연료를 많이 쓰는 바람에 결과적으로 온실가스가 더 많이 배출된다는 연구 결과가 나왔다고. 차라리 바이오 에너지 원료인 곡물을 재배하느니 그 땅에 숲을 만드는 게 훨씬 더 환경에 이롭다는 것이지. 이것만 보아도 과학 기술이 환경 문제를 해결해 줄 것이라고 믿는 게 얼마나 순진한 생각인지 알 수 있어.

쉰 목소리 나 원 참. 그래서 곡물 말고 다른 다양한 작물로 바이오 연료를 만들거나, 해초를 이용하는 방법을 연구 중에 있잖아. 해초는 육지 식물보다 이산화탄소를 더 많이 흡수할 뿐만 아니라 삼림을 없앨 위험도 없어. 또 유전자 조작으로 작은 면적에서 엄청난 수확을 올릴 수 있는 곡식이나, 고단백 저지방의 육질을 가진 손쉽게 대량 사육할 수 있는 새로운 가축을 만들 수도 있어.

그러면 인류는 먹고 사는 문제에서는 해방되는 거야. 이 방법이 안 되면 더 나은 또 다른 방법을 만들고 연구하면 되는 거야.

주름치마 과학 기술은 부작용을 낳고, 그 부작용은 또 다른 부작용을 낳고, 그럼 그 부작용을 제거할 또 다른 과학 기술을 만들고, 그럼 그게 또 다른 부작용을 낳고……

쉰 목소리 맞아. 그게 과학 기술이고 인간 문명이야. 그렇게 꾸준히 노력하면서 인류 복지를 위해 애쓸 거라고.

주름치마 젠장, 과학 기술은 이제 그만 기차에서 내려야 해. 손을 놓아야 한다고. 자연을 있는 그대로 잘 보존하고, 생태계에 해를 끼치는 일을 제거하는 것만으로도 지구 환경과 인간 모두를 살릴 수 있어. 그런데 왜 사람들은 검증되지도 않고, 검증하려면 시행 착오를 숱하게 겪어야 하는 그런 기술만을 고집스럽게 믿는지 몰라. 과학 기술을 니무 맹신하는 것 아니야?

쉰 목소리 소행성이 충돌해 오면 어떡하지? 궤도를 바꾸는 힘은 과학 기술이 만들어 내는 거야.

주름치마 소행성과 충돌해 지구가 산산조각 나는 것이 자연의 섭리라면 그냥 담담하게 받아들이면 돼. 별 걱정을 다 해?

아니말로 이 사람들이 만약 우리 파밀리오가 파괴되고, 거기서 살아남아 새 세상을 만들기 위해 준비하고 있는 우리들을 본다면 무슨 말을 할까?

미네랄로 자신들한테 유리한 상황으로만 초점을 맞추겠지, 뭐.

플란토 주름치마를 입은 저 사람은 인간이 과학 문명을 포기해야 한다고 믿는 거지?

아니말로 그게 가능할까…….

플란토 글쎄…….

5번 테이블 : 가난해지는 풍요가 있다

푸른 조끼 오늘날 지구 환경이 나빠진 것은 꼭 과학 기술만의 잘못
이라고 볼 수는 없어요.

붉은 조끼 맞아요. 인간의 모든 활동이 그렇게 만들었어요.

푸른 조끼 그 안에서 인간 행복의 총량이 얼마나 늘었는지, 행복의
질이 얼마나 좋아졌는지 따져 보기 전에, 어쨌든 인간의 모든 활
동이 오늘날 이렇게 스스로의 행복을 위협하는 환경을 만들었다
는 건 엄연한 사실이에요.

붉은 조끼 역설적이지만 풍요를 추구하는 인간 문화가 이런 위협을
만들어 낸 거예요.

푸른 조끼 대량 생산, 대량 소비가 가장 큰 범인이에요.

붉은 조끼 한 마디로 말하면 그렇지요. 많이 쓰기 위해 많이 만들려
다 보니 많은 에너지를 쓰게 되었어요. 또 많은 에너지를 쓰다 보
니 연료도 많이 필요해서 지구 온난화의 주범인 석유와 석탄을
마구 땐 것이 아닙니까.

푸른 조끼 에너지나 물자 모두가 풍요로워 아까운지 모르고 마구
써 대니 자원이 고갈된다는 비명이 여기저기서 나올 수밖에요.

게다가 온실가스로 지구의 기온이 높아지면서 환경이 나빠지고 있어요. 닥치는 대로 나무를 베어 물건을 만들고, 닥치는 대로 석탄을 캐서 연료로 사용하고, 그러다 안 되니까 이제는 안정성이 완전히 확인되지 않은 원자력 발전을 한다고들 하니……

붉은 조끼 마구 쓰고, 마구 버리는 바람에 미처 다 쓰지도 못한 쓰레기가 넘쳐나게 되었어요. 땅에다 파묻어 땅을 오염시키고, 바다에다 버려 바다를 오염시키고, 태워서 공기를 오염시켰죠. 게다가 이제는 수도 없이 쏘아 올린 인공위성 때문에 우주 쓰레기까지 엄청나게 생겼다고 해요.

푸른 조끼 더구나 그 풍요라는 것도 고르게 분배되는 게 아니지 않습니까? 무책임하게 에너지를 마구 쓴 것은 부자 나라 사람들이에요. 그런데 지금도 한쪽에서는 점점 심해지는 빈곤으로 고통을 받고 있어요. 에너지를 쓰지도, 쓰레기를 버리지도 않은 죄 없는 사람들이 오히려 오염된 환경의 피해를 더 많이 받고 있는 상황입니다.

붉은 조끼 맞아요. 대량 생산, 대량 소비의 경제는 누가 더 돈을 많이 벌어 더 많이 쓰는가에 집중하게 만들어요. 그러다 보니 희생되는 쪽이 항상 생기게 마련입니다. 풍요를 누린 사람들이 피해를 보는 게 아니라 엉뚱하게도 책임 없는 가난한 사람들이 피해를 보는 세상이지요.

푸른 조끼 환경에 대해 심각하게 고민할수록 대량 생산, 대량 소비라는 이 한결같은 경제 체제에 대해 좀더 깊이 있게 이야기할 필요성을 느낍니다.

붉은 조끼 맞아요. 동시에 과연 '지속 가능한 발전'은 어떤 것일지, 아예 결론까지 이야기해 볼까요? 환경이나 생태계와 조화를 이루면서 부작용 없이 지속적으로 발전시킬 방법이 있을지, 오늘 밤 끝장 토론이라도 벌여 볼까요? 여기 있는 모든 분들과 함께 말입니다!

푸른 조끼 그럽시다. 그럼 '지속 가능한 대화'를 위해 이 술도 대량 소비는 자제해야겠네요? 하하하.

붉은 조끼 제 개인적인 생각으로는 '지속 가능한 음주'를 위해 대량 생산으로 값을 좀 떨어뜨리면 좋겠습니다만……, 하하하. 아, 농담입니다.

아이들은 여러 테이블을 돌아다니며 사람들의 이야기를 듣고는 다시 창가 자리에 앉았다. 창문이기는 했지만, 창틀만 있고 유리 없이 뻥 뚫려 있었다. 밖에서 아프리카의 흙냄새와 들짐승과 날짐승 냄새, 숲의 냄새가 바람에 묻어왔다.

"얘, 너는 왜 이런 곳에 혼자 있니?"

갑자기 다정한 목소리가 들려 왔다. 창문 밖에 아까 보았던 마사이 족 청년이 서서 아해를 보며 웃고 있었다.

"제가 보이세요?"

아해가 묻자 청년은 아해를 보며 하얀 이를 드러내며 웃었다. 다른 아이들은 보이지 않고 아해만 보이는 모양이었다.

"……누굴 찾고 있어요."

아해가 대답하자, 청년은 손가락으로 저 멀리 가리켰다.

"저기 올두바이 아래에서도 누굴 찾는지 돌아다니는 사람이 있던데……."

그 때 게노의 잠바로에서 빛이 빠르게 흔들렸다. 아이들은 청년을 향해 인사를 하고는 서둘러 일어섰다. 물론, 청년은 아해의 인사만 받았다.

지속 가능한 발전 이 개념은 노르웨이 전 수상의 이름을 따서 만든 '브룬트란트 위원회'(유엔 환경 및 개발 세계위원회)에서 1987년 처음 제안한 것이다. 이것은 '미래 세대들이 사용할 자원을 위태롭게 하지 않으면서 극빈층을 포함한 현 세대의 욕구를 충족시키는 개발'을 말한다. 머지않아 멈춰질 수밖에 없는 개발이 아니라, 자손들에게까지 안정적으로 두루 조화롭게 이어질 수 있는 지속적인 발전 방향을 뜻한다.

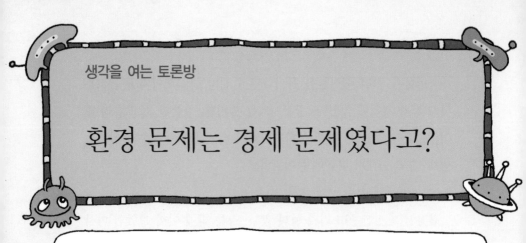

환경 문제는 경제 문제였다고?

마지막 테이블의 대화는 좀더 생각해 봐야 할 것 같아. 우리는 그 동안 생명이나 인간, 또 과학을 어떻게 이해해야 할지에 관해서는 많이 논의 했어. 이제는 그런 생각을 바탕으로 경제 문제와 환경 문제가 어떻게 관 련 있는가를 따져 보아야 할 때라는 생각이 들어.

그래, 맞아. 문제의 핵심은 인간의 경제 활동이었다고!

그럼 어쨌든 지금의 지구 환경은 인간이 만들어 낸 위기라는 건 다들 인 정하는 거지?

꼭 그런 건 아니지만…….

뭐가 아니야. 범인은 인간의 경제 활동이었다고!

급하기는! 그렇게 쉽게 범인을 지목하면 못 써.

주범인지 공범인지는 모르지만, 어쨌든 경제 활동과 아주, 대단히, 무척, 꽤, 엄청나게 밀접한 관련이 있는 게 틀림없어.

돈을 가진 나라가 결국 과학 기술을 발전시키는 데 유리하니까 경제가 모든 걸 쥐고 있다고 볼 수 있어. 그래서 저마다 그 경쟁에서 이기려고 미친 듯이 달려가고 있지. 돈이 되는 것이라면 무엇이든 해. 환경이야 망 가지든, 남이야 굶든 말든. 슬픈 현실이야…….

🐛 지금까지 겪고 본 바에 따르면, 인간의 경제 활동이 확대될수록 환경 오염도 덩달아 심각해진 게 사실이야.

🐛 경제 활동이 정말 지구 환경을 망치고 있다는 건 분명한 사실이지?

🧚 쉬운 예를 들어 볼게. 화석 연료를 사용해서 대기를 오염시켰고, 산과 들과 물길을 개발해서 생태계를 혼란에 빠뜨렸어. 또 다 쓰지도 못할 물건들을 만드느라고 자원을 함부로 썼고, 골고루 먹지도 않을 음식 재료를 만드느라 농약과 비료를 써서 땅과 하천을 오염시켰어.

🐛 와, 이제 보니 아해가 꽹장히 많은 걸 알고 있구나.

🐛 와, 대단해, 대단해. 여지껏 입이 근질거려 어떻게 참았어?

🧚 내가 내 욕 하는 것 같아서 좀 자제했지.

🐛 뭔가 일러바치는 느낌이라서 그랬다 이거지? 이해해. 나도 우리 파밀리오 망한 이야기를 할 때마다 마음이 좀 불편했거든…….

🐛 그나저나 경제 활동은 계속 확대할 수밖에 없는 건가?

🧚 그게 본능이니까. 더 잘 먹고, 더 많이 먹고, 더 빨리, 더 편하게 다니고, 더 쉽고, 더 자극적인 재미를 찾고 싶으니까…….

🐛 결국 더 많은 걸 누리려고? 그냥 먹을 만큼만 먹고, 소박하게 즐기고 살면 안 돼?

🐛 순진한 척하는 거냐, 플란토.

🐛 욕망이란 그런 게 아니야. 좀더, 좀더 하다 보면 계속 달려가게 되지.

🐛 어쭈, 인간에 대해 제법 많이 아는 것처럼 말하는데?

🐛 우리도 그랬잖아. 점점 더, 점점 더.

여지껏 봐서 알잖아. 인간은 욕망으로 똘똘 뭉친 존재야.

그게 인간 지능을 발전시켜 왔다고 볼 수도 있지.

그럼, 앞으로도 끝없이 그럴 거라는 말이야?

욕망이란 원래 그런 거라니까. 만족이라는 게 없어.

하지만 그게 오히려 모두를 힘들게 만든다는 걸 아는 순간 멈춰야 해.

아이, 참. 같은 이야기 자꾸 반복하게 할래? 멈출 수 있는 게 아니라니까.

왜 못 해? 다 망하게 생겼는데 왜 자꾸 '더 많이', '더 새롭게'를 외치냐고?

망하게 된 걸 모르는 거지.

그렇지만 잘 살아 보려고 하다가 그렇게 된 거 아니야? 처음부터 환경을 망치겠다고 작정한 게 아니라, 그저 예전보다 더 잘 살아 보려고 한 것뿐이야.

잘 살아 보려고 경제 활동을 시작한 건 맞아. 예전에는 그랬겠지.

지금은 달라졌다는 말이니?

지금은 한 가지 조건이 더 붙어. '남보다' 더 잘 살겠다는 거야. 나만, 또는 내 편들만 잘 살면 그만이라는 거지.

그러니까 남의 땅에 가서 나무를 베어 오고, 남이 먹을 거 뺏어 오고, 먹고 쓰다 남으면 버린다 이거지?

게다가 자기네 땅을 더럽힐까 봐 오염된 쓰레기를 남의 나라에 갖다 버리기까지 해.

으악~! 듣고 있는 것도 고문이다.

자기들끼리도 그러는데, 다른 동식물에게까지 신경 쓰겠어? 바랄 걸 바라야지.

아니지. 이젠 그 바람에 오히려 자기들조차 위험해졌거든. 환경 오염은 지구상 모든 생물에게 똑같이 위협이 되고 있으니까.

그럼, 이제라도 정신 차리고 경제 활동을 멈출까?

대부분의 인간은 경제 활동을 하지 않고서는 살 수가 없어. 경제 활동이란 인간들에게 결정적으로 유리한 생존 방식이라고.

그럼 어떡해? 대체 인간들은 어떻게 살아야 하냐고!

착, 하, 게!

뭐라고?

너도 살고, 나도 살고. 그러니까 착하게!

어휴, 답답해. 글쎄, 그러니까 착하게 사는 게 어떻게 사는 거냐고?

자, 흥분을 가라앉히고 좀더 천천히 생각해 보고 나서 다시 이야기하자.

그래. 공부도 너무 쉬지 않고 하면 부작용이 생기는 법!

맞아, 부작용! 지금의 지구 환경은 인간 활동의 부작용으로 볼 수 있겠네.

윽! 공부는 잠시 멈추자니까!

헤헤. 미안, 미안.

지구 생명을 지키는 사람들

주먹쥔바람

아이들은 한달음에 계곡 아래로 내려갔다. '초기 인류의 화석이 발견된 최초의 장소' 라고 쓰인 표지판이 보였다. 주위를 둘러보자 계곡 한쪽 그늘진 곳에 누군가 서 있는 것이 보였다.

처음에는 거대한 새인 줄 알았다. 그런데 가까이서 보니 새의 깃털로 모자와 어깨를 장식한 남자였다. 아이들과 마주치는 순간 그도 좀 놀란 듯했다. 그 바람에 그의 어깨 위에 앉아 있던 독수리 한 마리가 커다란 날개를 펴고 하늘로 날아갔다.

"안녕, 얘들아."

검붉은 얼굴에 깊은 눈을 가진 그가 먼저 웃으며 인사를 했다. 웃을 때 보조개가 패는 모습이 무척 친절해 보였다.

"초면에 할 말은 아니다만, 참 이상한 치장을 하고 있구나."

그의 말에 아이들은 모두 쿡쿡 웃었다. 아이들도 그를 보고 똑같은 생각을 하고 있던 참이었다.

"우리가 보이는 걸 보면 저 아저씨도 이 세상 사람이 아닌가 봐." 플란토가 속삭였다.

"우리는 먼 곳에서 여행 온 파밀리온들이고요……."

"저는……, 저는 누군가를 찾고 있는데, 이름은 아해예요."

아이들과 아해가 자기 소개를 했다. 그는 한 명 한 명에게 눈을 맞추며 고개를 끄덕이더니 자신을 소개했다.

"나도 먼 곳에서 여행을 왔고, 또 누군가를 찾고 있어. 이름은 '주먹쥔바람'이라고 해."

"아주 인상적인 이름이네요."

아해가 말하며 활짝 웃었다.

아이들은 반가움의 표시로 통통 뛰었다. 아이들의 발 밑에서 물이 뛰듯 빛들이 튕기는 것을 보고 '주먹쥔바람'이 어린아이처럼 신기해했다. 주먹쥔바람은 친구를 찾고 있는 중이라고 했다.

"내 친구가 코뿔소를 타고 놀다 넘어졌어. 그래서 다친 상처에 발라 줄 약초를 구하러 다니다가 잠시 낮잠을 잤어. 그런데 깨어 보니 난생 처음 보는 이런 곳이더군."

주먹쥔바람은 툴툴거렸다. 그러고 보니 한쪽 어깨에 걸머진 망태기에 약초들이 그득했다.

"친구가 많이 다쳤나 보군요."

플란토가 걱정스럽다는 듯이 말했다.

"친구? 아니, 코뿔소가 다쳤어."

주먹쥔바람은 싱긋 웃으며 대답했다.

아이들은 한바탕 크게 웃었다.

주먹쥔바람이 아해에게 누굴 찾느냐고 물었다.

"엄마를 찾고 있어요. 혹시 저를 닮은 사람을 보셨나요?"

아해가 물었다. 그러자 주먹쥔바람이 독수리 친구에게 물어 보겠다면서 엄마를 언제, 어디서 잃어버렸냐고 물었다. 아해는 언제, 어디서인지 모르지만, 언젠가부터 자기는 엄마를 찾아다니고 있다고 대답했다.

"거참, 알쏭달쏭한 대답이구나. 언제, 어디서 엄마를 잃어버렸는지도 모르고, 엄마가 어떻게 생겼는지도 모르고……. 그럼, 어떻게 엄마를 찾겠다는 거니?"

"가슴이오. 엄마가 가까이 있거나, 엄마가 지나간 곳에 가까워지면 가슴이 아파 와요. 그렇게 엄마를 찾고 있어요. 이 친구들이 절 도와 주고 있고요."

아해가 대답했다.

주먹쥔바람이 미소를 지어 보이자 다시 보조개가 팼다.

"많이 그리우면 가슴이 아픈 법이지. 그런데 저 아이도 좀 아파 보이는구나."

게노를 보고 한 말이었다. 게노는 이제 몹시 지쳤는지 제대로 서 있지 못하고 나무에 몸을 기댄 채 비스듬한 자세로 서 있었다.

"아참, 저 아이를 치료할 약도 찾아야 해요. 주먹쥔바람은 약초에 대해서 잘 아나요?"

아해가 약초가 든 망태기를 힐긋 쳐다보며 물었다.

"애석하게도 그건 내 친구가 잘 알 텐데. 그 친구는 아주 유명한 사람이야. 그 친구 이름을 딴 넓은 땅도 있어."

주먹쥔바람이 어깨를 으쓱했다. 누구냐고 물으니 '시애틀'이라고 대답했다.

아해가 고개를 끄덕이며 말했다.

"아저씨 친구가 그 유명한 인디언 추장이었군요. 오래 전에 미국 대통령 피어스가 그들이 살고 있는 땅을 팔라고 했을 때, 아름다운 답장을 보낸 것으로 유명한 그 사람 맞죠? 피어스 대통령이 그의 편지에 깊은 감동을 받고 그의 이름을 따서 지은 게 바로 지금의 미국 땅 시애틀이잖아요."

주먹쥔바람이 또 어깨를 으쓱하면서 자랑스러워했다.

"그거 사실 절반은 내가 써 준 거야. 답장 보내기 전날 밤에 우리 둘이 술 한 잔 하고는 끙끙대며 쓴 거라고."

"정말요?"

아해가 눈이 동그래져서 물었다.

"믿거나 말거나. 내가 기억하고 있는 대목을 읊어 볼까?"

주먹쥔바람은 다리를 벌리고 우뚝 서서 하늘을 올려다보고는 끝없이 펼쳐진 땅을 바라보며 입을 열었다.

……그대들은 어떻게 저 하늘이나 땅의 온기를 사고 팔 수 있는가? 우리로서는 이상한 생각이다. 신선한 공기, 반짝이는 물은 우리가 소유하고 있는 게 아닌데 어떻게 그것들을 팔 수 있다는 말인가? 우리에게는 이 땅의 모든 부분이 거룩하다. 빛나는 솔잎, 모래 기슭, 어두운 숲 속 안개, 맑

게 노래하는 온갖 벌레들, 이 모두가 우리의 기억과 경험 안에서 신성한 것들이다. ……우리는 땅의 한 부분이고, 땅은 우리의 한 부분이다. 향기로운 꽃은 우리의 자매이고, 사슴, 말, 독수리들은 우리의 형제들이다. …… 개울과 강을 흐르는 이 반짝이는 물은 그저 물이 아니라 우리 조상들의 피이다. 만약 우리가 이 땅을 팔게 되면 이 땅이 거룩한 것이라는 걸 기억해 달라. 거룩할 뿐만 아니라 호수의 맑은 물 속에 비치는 신령스러운 모습들 하나하나가 우리네 삶의 일들과 기억들을 이야기해 주고 있음을 아이들에게 가르쳐야 한다. ……우리 붉은얼굴은 백인 앞에서 언제나 뒤로 물러났지만 우리 조상들의 유골은 신성한 것이고 무덤은 거룩한 땅이다. 그러니 이 언덕, 이 나무, 이 땅덩어리는 우리에게 신성한 것이다. ……백인들은 한밤중에 와서 필요한 것을 빼앗아 가는 이방인이다. 땅은 그에게 형제가 아니라 적이며, 그것을 다 정복했을 때 그는 또 다른 곳으로 나아간다. ……백인은 어머니인 대지와 형제인 저 하늘을 마치 양이나 목걸이처럼 사고 빼앗고 팔 수 있는 것처럼 대한다. 백인의 식욕은 땅을 삼켜 버리고 오직 사막만을 남겨 놓을 것이다…….

시애틀 추장 연설, 《녹색평론선집 1》(녹색평론사)에서

"와, 멋있어요. 마치 시 같아요."

플란토가 감탄을 하며 손가락을 흔들었다.

"아저씨네 붉은얼굴 족이 땅을 팔지 않았다면 좋았을 텐데요……."

아해가 시무룩한 얼굴로 말했다.

주먹쥔바람도 시무룩한 표정으로, 그 때 땅을 팔지 않았다면 백

157

인들이 총을 들고 와서 빼앗았을 거라고 말했다.

미네랄로가 이푸이푸를 빛내며 물었다.

"붉은얼굴 족은 정말로 나무와 동물뿐만 아니라 강과 돌멩이까지 모두 형제 자매라고 생각했어요?"

주먹쥔바람이 친절하게 설명해 주었다.

"물론이지. 우리가 죽으면 우리 몸의 체액은 땅으로 스며들고, 그 것이 다시 강으로 흘러든단다. 우리 몸은 바람과 벌레에 의해 흩어 져 땅이 되지. 우리 조상의 체액과 살과 뼈가 쌓이고 흐르는 곳에서 우리는 살고 있는 거야. 그 물과 그 땅에서 자란 것을 먹으면서 태 어나고 살아가지. 동물이나 식물도 마찬가지야. 대지를 달리던 말 도, 그늘을 만들어 주던 나무도 그 물을 먹고 그 땅에서 자라다가 죽으면 다시 그 강으로, 그 땅으로 돌아가는 거야. 그러니 동물도, 식물도 다 우리 형제요, 자매인거지."

"형제 자매라고 느낀다면 사냥하거나 채집해서 먹을 수도 없을 것 같아요. 그럼 굶어야 하나요?"

아니말로가 주먹쥔바람의 표정을 살피며 물었다. 자기 질문이 좀 유치하게 들릴까 봐 걱정이 되어서였다.

주먹쥔바람은 껄껄 웃었다.

"그래야 될 것 같지? 그렇지 않아. 다른 동물들이 살기 위해 먹는 것처럼 우리도 똑같이 먹는단다. 살기 위해서 꼭 필요한 만큼만 먹 는 거지. 절대로 욕심을 부리거나 사치를 부리지 않아. 나무를 자르 는 것도 꼭 필요한 만큼만 자르지. 나무를 베러 숲에 들어갈 때면 먼저 도끼를 내려놓고 인사를 한단다. '숲이여, 한 아름되는 나무가 한 그루 필요합니다. 저에게 허락해 주십시오.' 하고 말이야. 그리고 나무를 베고 나면 반드시 나무 한 그루를 다시 심어 놓지. 그래서 숲은 언제나 그대로야. 우리는 나무도 고기도 꼭 필요한 만큼만 고맙게 얻어먹어. 어머니에게서 젖을 받아먹듯이 말이야."

"저기 언덕 위 카페에서도 아저씨같이 말하는 사람이 있었어요. 사람에게 좋으니까 환경을 지켜야 하는 것이 아니라, 식물과 동물에게도 사람과 똑같이 잘 살 권리가 있고, 그걸 지켜줘야 한다고 말이에요. 좀 심하다 싶었는데, 아저씨 말을 들어 보니 그렇게 생각하는 사람들도 많구나 싶어요. 아저씨네 부족 사람들 모두가 그렇게 생각해요?"

주먹쥔바람의 이야기를 제일 열심히 듣고 있던 플란토가 물었다.

주먹쥔바람은 또 껄껄 웃으며 대답했다.

"우리를 아메리카인디언이라고 부르지. 신비롭게 생각하는 사람들도 있고, 어리석다고 생각하는 사람들도 있어. 그리고 비아냥거리는 사람들도 있지. 왜냐하면 우리 가운데에도 솜씨 좋고 냉혹한 사냥꾼이 많았거든. 무차별적으로 사냥을 하기도 하고, 피비린내나는 영역 싸움을 하는 부족도 있었어. 인디언이라고 해서 다 마음씨 좋은 시인들만 있는 건 아니야. 아까 보았다는 사람은 아마 아루아코 족이었을 거야. 남미 콜롬비아의 시에라네바다에 살고 있는 인디오들인데, 그들은 스스로를 '지구를 지키는 형님들'이라고 생각해."

"형님이오? 그럼 아우는 누구예요?"

아니말로가 물었다.

"문명인들이지. 그 아우들이 지구를 함부로 대했기 때문에 자연의 조화가 깨졌다고 생각해. 자연은 이용하되 반드시 원래대로 되돌려 후손에게 그대로 물려주어야 하는데, 그 질서를 아우들이 깨버린 거지."

주먹쥔바람이 눈을 가늘게 뜨고 협곡을 바라보며 대답했다.

"고약한 아우들이군요."

플란토가 고개를 끄덕이며 덧붙였다. 아이들도 그의 말에 고개를 크게 끄덕이며 동의했다. 그 모습을 본 주먹쥔바람이 흐뭇해하고 있는데, 아까 날아갔던 독수리가 다시 천천히 날아와 그의 어깨에 내려앉았다. 독수리는 주먹쥔바람의 귀에 부리를 대고 무슨 소리를 냈는데, 마치 귀엣말을 하는 것 같았다.

"아까 엄마를 찾는다고 그랬지? 저쪽 큰 바위 뒤편에서 혼자 있는 어떤 여인을 보았다는데?"

독수리의 말을 듣고 주먹쥔바람이 아해에게 말했다.

"그래요? 아해야, 어때? 가슴이 아파 오니?"

아니말로가 아해에게 서두르듯 물었다. 아해는 가슴에 손을 대 보았으나 별로 아프지 않은지 어깨를 으쓱했다.

"그래도 얼른 찾아가 보렴. 혹시 네 엄마 소식을 알고 있는 분일지도 모르니."

말을 마친 주먹쥔바람도 그만 친구들을 찾으러 떠나야겠다고 하면서 독수리와 함께 협곡 안쪽으로 사라졌다.

구달 할머니

아이들이 주먹쥔바람을 향해 손을 흔들고 몸을 돌리자, 저만치서 이쪽으로 누군가 걸어오는 것이 보였다. 아쉽게도 아해의 엄마는 아닌 것 같았다. 그는 머릿수건으로 흰 머리를 질끈 동여매고 있었는데, 눈가에 주름이 깊게 팬 할머니였다.

"어, 어어? 구달 할머니!"

아해가 아는 척을 했다. 워낙 유명한 동물 생태학자라 책에서 본 적이 있다고 했다.

"어머나! 드디어 인류는 기쁘게도 수십만, 수백만 년 전 잃어버린 인류의 다른 줄기를 찾은 거니? 아니면 환경의 재앙으로 돌연변이가 생긴 거니?"

구달은 아이들을 보고 깜짝 놀라 어쩔 줄 몰라 했다. 반가운 것도 같고, 경계하는 것도 같았다.

"안녕하세요? 저는 아해라고 하고요. 제 친구인 이 아이들은 외계에서 왔어요."

아해가 인사를 하면서 소개했다.

구달은 애교스럽게 살짝 눈을 흘겼다.

"할머니를 놀리면 못쓰지. 어서 뒤집어쓰고 있는 탈들을 벗어라. 날씨도 더운데, 원……."

구달은 정말로 탈이라도 벗길 듯이 아이들 얼굴 쪽으로 손을 뻗었다. 그러자 아이들은 깜짝 놀라 뒤로 물러섰다. 구달은 미안해하면서도 호기심에 가득 차서 아이들을 자세히 관찰했다. 아해는 구

달에게 혹시 자기 엄마를 본 적이 있느냐고 물었다. 구달은 아해의
눈을 한참 들여다보더니 고개를 저었다.

"미안하구나. 네 눈을 닮은 사람을 본 적이 없어. 여기는 사람이
별로 없는 곳이야……."

실망한 아해는 고개를 떨구고 땅바닥의 돌부리를 툭툭 발로 찼
다. 그늘진 곳에 서 있던 게노가 많이 아픈지 땅을 고른 후 비스듬
히 누웠다. 구달이 머릿수건을 벗어 게노의 머리를 받쳐 주었다.

구달은 게노를 측은한 듯 잠시 바라보다가 아이들에게 말했다.

"얘들아, 여기는 아이들이 있을 만한 곳이 못 된단다. 잠시 쉬었
다가 저기 위에 사람들이 많이 모이는 카페가 있으니 함께 가자꾸
나. 마침 그 곳에서 연설을 하기로 했거든."

"무슨 연설을 하시는데요?"

플란토가 물었다.

구달이 반색을 하면서 연습 삼아 이야기해 볼 테니 좀 들어 달라
고 했다.

……동물들이 자유롭게 살 수 있도록 자연을 야생 상태 그대로 보존하
는 것은 매우 중요한 일입니다. 인간과 마찬가지로 동물에게도 자신들의
삶을 살아갈 권리가 있기 때문이지요. 또 우리가 자연을 너무 많이 파괴해
버리면 우리 다음에 살아갈 세대는 자연이 주는 수많은 혜택을 누리지 못
하게 됩니다. ……어떤 종류의 생물을 파괴하는 것은 사람들에게도 해로운
일일 것입니다. 질병을 치료하는 데 쓰이는 중요한 약품들이 식물이나 곤
충에게서 나온다는 사실을 우리는 알고 있습니다. 우리가 야생 지역을 파

괴한다면, 다른 어느 곳에서도 발견할 수 없는 식물이나 동물의 한 종을 완전히 멸종시키는 것이 될지도 모릅니다. 우리는 암이나 에이즈, 그 밖의 끔찍한 질병 치료제를 우리가 알지 못하는 사이에 파괴하고 있는지도 모릅니다……

《제인 구달》(사이언스북스)에서

"결국 인간을 위하는 일이라는 말씀이네요."

아니말로가 손가락을 흔들며 말했다.

구달은 아니말로의 손가락 사이에서 나오는 빛을 물끄러미 바라보다가 갑자기 생각난 듯 "그것보다 사실은 진짜 하고 싶은 말은 이거야."라고 하면서 매우 빠르게 웅변하듯 말했다.

"농장에서 대량으로 기르는 닭과 돼지가 얼마나 잔인한 환경에서 사육되는지 알고 있니? 닭들은 비좁은 닭장 속에서 서로 쪼지 못하도록 부리가 잘린 채로 지내야 한단다. 또 돼지는 땅이 없는 좁은 시멘트 우리에서 살면서 스트레스로 이상 행동을 보이기도 해. 쥐, 토끼, 개, 원숭이 등 많은 동물들이 세제나 화장품 시험과 의학 실험에 쓰이기도 하지. 고통에 대한 실험을 할 때는 산 채로 갖가지의 고통을 겪게 하기도 하고, 맨 눈에 세제와 화장품을 바르기도 하지. 약품을 검증하기 위해 온갖 약을 먹여 부작용을 일으키기도 하고, 치사량을 알기 위해 죽을 때까지 약을 먹이기도 해. 이외에도 정말 수많은 사례가 있지만 너무 잔인해서 차마 다 말하지 못하겠다. ……우리는 세상의 헐벗고 굶주린 많은 사람을 도와야 해. 왜냐하면 그들이 고통을 느끼기 때문이지. 누구나 똑같이 말이야. 그런데 침팬지, 개, 고양이, 돼지 등 수많은 동물들도 우리와 마찬가지로 고통을 느낀단다. 그 고통을 모른 척할 수 있겠니?"

아이들은 구달의 얼굴을 찬찬히 뜯어보았다. 깊은 주름, 밝은 표정, 따뜻한 눈, 희끗한 머리카락이 정말 동정심 많은 이웃집 할머니 같았다. 구달 역시 아이들을 따뜻한 눈길로 쓰다듬듯 찬찬히 바라보고 나서 카페로 같이 가자고 했다. 아이들은 갈 길이 멀기 때문에 고개를 가로저었다. 구달은 무척 아쉬워하면서 아이들과 인사를 나누었다.

아해는 게노가 누워 있는 그늘에 앉아 잠시 쉬면서 중얼거렸다.

"나도 자꾸만 지쳐 가. 난 살아 있는 엄마를 정말 만날 수 있을까……."

아이들은 아해에게 용기를 북돋워 주기 위해 아모코를 모아 들었다. 아해의 머리 위에서 오색 빛의 오로라가 영롱했다.

기름 바다에 모인 사람들

"하필 온 곳이 고약한 냄새가 나는 이 곳이냐?"

"바다에 가면 무엇인가 게노를 치료할 생명물질이 있을지도 모르겠다며?"

"환경의 위기에 대해 경고하는 사람들을 찾아보자며?"

"우리 탐사선 상태는 멀쩡하다더니……."

"이번에는 엄마의 흔적을 찾으려나……."

아이들은 검은 바다를 앞에 놓고 저마다 한숨을 쉬며 툴툴거렸다. 모두의 엉덩이에서는 실망했다는 듯 쉴새없이 회색빛이 튕겨져 나왔다.

아보다 박사의 지시대로 생명의 근원지인 바다를 향하긴 했는데, 정작 탐사선 아미코가 데려온 곳은 바로 기름띠로 오염된 바닷가였다. 옆구리가 뚫린 거대한 유조선이 저만치 바다 위에 흉물스럽게 떠 있었다. 갯벌에서는 허연 방제복을 입은 사람들이 마치 따개비처럼 가득 붙어서 기름덩어리를 퍼내거나, 기름 찌꺼기를 걷어 내며 비지땀을 흘리고 있었다. 어떤 사람들은 날개에 기름때가 잔뜩 묻어 마지막 숨을 토하고 죽어 가는 바닷새 옆에서 기도를 하고 있고, 또 어떤 사람들은 꺼멓게 죽어 버린 조개더미와 때문은 허연 배를 뒤집고 죽어 버린 물고기가 실린 조각배 위에 앉아서 눈물을 훔치고 있었다.

그 모습을 바라보던 아해가 갑자기 가슴이 아프다고 했다. 엄마의 기운이 느껴져서인지 아니면 독한 냄새 때문인지 알 수 없었다.

"이게 웬일이니?"

아니말로가 걱정 반, 한숨 반 섞인 말투로 말하자, 아해가 신음하듯 대꾸했다.

"원유 누출 사고야. 가끔 일어나는 일이지."

아이들은 이런 끔찍한 일이 처음 일어난 것이 아니라, 여러 번 있었다는 말에 놀랐다. 사고 때문에 파괴된 바다 생태계가 다시 회복되기도 전에 다른 지역에서 같은 사고가 다시 발생한다는 말이 아닌가. 시커먼 기름에 젖어 죽어 가는 바닷새의 비참한 모습을 한 번

보는 것으로도 부족해 반복해서 봐야 한다는 것이 아닌가……. 아이들은 도저히 이해할 수 없는 일에 머리가 멍해 왔다.

그들이 살던 행성복합체 파밀리오에서는 한 번 일어난 큰 실수는 결코 다시 되풀이하지 않는다. 과학 기술이 발달할수록 실수의 규모나 심각성이 상상하기 힘들 만큼 커지기 때문이다. 치밀한 분석이나 계산, 실험과 검증을 통해 한 번 실수한 것은 두 번 다시 반복하지 않도록 완벽하게 처리한다. 말하자면, 실수 자체가 존재하지 않는 것이다. 같은 실수는 하고 싶어도 할 수 없다(물론, 마지막 큰 실수는 행성계 자체를 파괴하는 엄청난 것이기도 했지만……. 그렇기 때문에 아이들은 다시 세우게 될 행성계는 실수로 사라지는 일 따위는 절대 있을 수 없으리라는 것도 잘 알고 있다).

"이푸이푸, 빨리 나와서 기름을 없앨 방법을 생각해 줘."

미네랄로가 어깨를 흔들면서 이푸이푸에게 소리쳤다. 한참을 흔들어도 이푸이푸는 나오지 않고 희미한 빛만 흘리더니, 가늘고 작은 목소리로 "아직까지 우리는 지구 환경에 관여할 수 없게 되어 있어."라는 대답만 툭 내뱉었다. 잔뜩 화가 난 미네랄로 엉덩이에서 회색빛이 폭폭 솟아올랐다. 미네랄로는 이푸이푸를 떼어 슬며시 자기 엉덩이 쪽에 갖다 댔다. 이푸이푸의 끼익끼익 하는 비명 소리가 들리자 아이들은 깔깔거리며 고소해했다.

잠시 후 아이들 근처에 대형 버스가 몇 대 와서 서더니 여러 나라 사람들이 내리기 시작했다. 그들은 쌍안경이며 카메라, 두툼한 서류 뭉치를 들고는 저마다 걱정하는 말을 내뱉기 시작했다. 어찌나 시끄러운지 사라졌던 철새 떼가 다시 돌아온 게 아닌가 하는 착각마저 들 정도였다. 목에 건 신분증에는 '지속 가능한 환경을 위한 국제 회의단'이라고 쓰여 있었다. 아이들은 '보노보 카페'에서 들었던 '지속 가능한 술자리'가 생각나 킥킥 웃었다.

"여기 코리아의 서해안 갯벌은 세계적으로도 꽤 유명한 곳이 아닙니까?"

깜짝 놀랄 만큼 키가 큰 사람이 혀를 차면서 옆 사람, 아니 밑에 사람에게 말했다.

"유럽의 북해 연안, 캐나다의 동부 해안, 미국의 조지아 해안, 아마존 강 하구 해안 등과 함께 세계 5대 갯벌 가운데 하나입니다. 해양 생태계 교과서에 빠짐없이 실려 있는 유명한 곳이지요. 이 나라에서는 몇 년 전에 새만금이라는 간척 사업을 한다고 갯벌을 싹 밀어 없애더니 이제는 사고를 당해 유명한 갯벌이 또다시 손상을 입었군요."

좀 뚱뚱하고 배가 나온 옆 사람이 대답했다.

"그 때도 세계적인 환경운동 단체에서 모두 그토록 말렸는데 결국은 듣지 않았어요. 이 곳에서도 삼보일배(三步一拜)다 뭐다 해서 국민적 관심사가 되었는데, 결국 아무도 말리지 못한 셈이 되었지요. 그래서 처음 계획대로 새만금에 논은 많이 만들었답니까?"

"대규모 공장 단지를 만들자, 관광 단지를 만들자 하며 아직도 말이 많은 모양입니다."

두 사람은 동시에 혀를 찼다. 옆에서 듣고 있던 아이들도 고개를 저었다.

"그런데 갯벌은 왜 보호해야 하는 거야?"

아니말로가 물었다. 아이들은 모두 손가락을 세워 빙글빙글 돌리며 알 수 없다는 표시를 했다.

이 때 마치 아니말로의 질문에 답을 하듯 어떤 여자가 설명을 하며 지나쳤다.

"갯벌은 많은 사람들의 생활 터전이에요. 조개와 게, 낙지 등 다양한 수산물을 채취해서 생계를 잇는 사람들이 많아요. 뿐만 아니라 철새들의 도래지이기도 해요. 철새들은 이 곳에서 풍부한 먹이를 먹으며 겨울을 납니다. 가창오리 등 철새가 떼를 지어 나는 모습은 대단한 장관이에요. 게다가 갯벌은 아주 훌륭한 자연 정화장치랍니다. 생활 하수와 공장 폐수를 걸러 주고, 동물의 시체 등도 깨끗하게 처리해 주거든요. 갯벌에 많은 바지락은 2시간이면 2리터의 물을 깨끗하게 걸러 주고, 작은 콩게 역시 바다의 청소부라는 별명을 갖고 있어요. 그리고 갯벌의 진흙은 이렇게 윤기 나는 제 피부를 지켜 주는 최고의 화장품이랍니다, 호호호. 사람에게도 좋고 동물에게도 좋고 환경에도 좋은 이런 갯벌은 반드시 그대로의 모습으로 보존해야 한다는 걸 잘 알겠지요?"

여자를 따라서 견학을 온 어린아이들이 재잘거리며 올망졸망 그녀를 따라갔다.

"그래도 한국은 도시 한가운데를 썩은 채로 흐르던 개천을 보기 좋게 복원했다지요?"

귀여워 죽겠다는 표정으로 아이들의 모습을 바라보던 키 큰 사람이 말했다.

그러자 배가 나온 사람이 고개를 설레설레 흔들며 그의 말에 답했다.

"그건 복원이 아니지요. 진짜 복원이라면 원래대로 자연 개천이 흐르고 생태계가 회복되어야 하잖아요. 그런데 그냥 청계천이 있던 자리에 인공 수로를 만들어 꾸며 놓고 강물을 퍼다가 펌프로 돌리는 거라고 합니다. 그러니까 생태계를 복원한 것이 아니라 미끈하고 비싼 정원 장식을 만들어 놓은 셈이지요."

"많은 사람들이 엄청난 비용을 들여 만들어 놓은 인공물을 멋있고 좋은 것이라고 생각하고 있어요. 자연이 만든 것보다 자신들의 손으로 만든 것이 더 멋있다고 느끼는 거지요. 생태계의 가치를 놓고 본다면 비교가 안 됩니다. 자연이 만든 것들은 생산적인 가치도 높지만, 사람의 마음을 다독여 주는 역할까지 하잖아요. 인공으로 만든 것은 만들 때도 돈이 들어가지만 현재 상태를 유지하기 위해서도 비용이 끊임없이 들어가고, 또 나중에 허물 때도 엄청난 비용이 들어가게 됩니다."

"넓은 평지에 집을 지어도 될 것을 굳이 높은 곳에다 집을 지으면서 쓸데없이 많은 비용을 들여 에스컬레이터를 설치하는 격이라고나 할까요."

아이들은 두 사람의 대화를 듣고 있자니 덩달아 가슴이 답답한 느낌이 들었다.

한쪽에서는 자원 봉사자들이 다 같이 먹을 점심을 준비하느라 커다란 솥에다 음식을 끓이고 있었다. 오늘의 점심 메뉴는 두부찌개인 모양이었다. 큼직큼직한 두부가 솥 안에 둥둥 떠 있었다. 그 곳을 지나치려는데 플란토의 키잔에서 불안정한 신호음이 잡혔다. 플란토가 초록색 키잔을 들어 귀에 대더니 두부를 가리키며 말했다.

"저건 유전자 조작이 된 콩으로 만들었다는데? 지구 사람들은 이제 유전자를 조작해서 자연계에 존재하지 않는 새로운 종을 만들어 낸다는군."

"뭔가 과학 기술을 사용할 때는 열 배, 백 배 신중해야 하는데, 그 정도 검증은 다 거친 걸까?"

아니말로가 눈이 동그래지면서 물었다. 아해가 아직도 안전하다, 아니다 논란이 많다고 했다. 아이들은 불안한 표정으로 두부를 한 입 가득 베어 먹는 사람들의 얼굴을 멀뚱멀뚱 쳐다보았다.

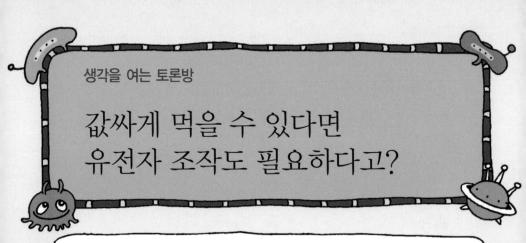

값싸게 먹을 수 있다면
유전자 조작도 필요하다고?

좀 사소한 질문인데 해도 되겠지? 식량의 생산량을 늘일 수 있다면, 그래서 가난한 사람들도 값싸게 먹을 수 있다면 유전자 조작이든 무엇이든지 하는 게 옳지 않을까?

그래, 병충해에 강하고 수확량도 많은 슈퍼 작물은 모두에게 좋을 거야.

실제로 사람들은 먼 옛날부터 그래서 품종 개량을 해 왔어.

품종 개량은 되는데, 유전자 조작은 안 된다는 건 억지 아니니?

품종 개량은 오랜 세월에 걸쳐서 같은 품종 안에서 우수한 개체를 골라내길 거듭하면서 이루어진 개량 방법이야. 반면, 유전자 조작은 어떤 종에서건 필요한 유전자를 뽑아 내어 다른 생물체에 강제로 집어 넣어 자연계에 없는 전혀 새로운 품종을 만들어 내는 거야.

뜨아! 아해, 이제 보니 너 꽤나 유식하구나.

어쨌든 유전자 조작 식품이든 뭐든 결국 생산량을 늘이기 위한 거지? 그렇게 보면 유전자 조작 기술은 착한 기술이지.

난 아니라고 생각해. 동물이나 식물이나 오랜 세월에 걸쳐 환경에 적응하며 자연스럽게 진화해 왔어. 인간이 뭔데, 마음대로 생명의 본질일 수도 있는 유전자까지 조작하면서 이상한 생물체를 만든다는 거야?

그러면 안 돼? 아까도 말했지만, 그렇게 해서 지구상에서 가난으로 굶는 사람이 없어진다면 인간들 입장에서는 당연히 해야 하는 일이야.

자기네 먹자고 다른 생물들에게 폭력을 쓰냐?

나 원 참, 플란토. 오버 좀 하지 마. 유전자 조작 생물을 만드는 게 대체 누구한테 폭력이라는 거야?

가지에서는 열매가 주렁주렁 열리고, 뿌리에서는 뿌리 열매가 주렁주렁 열리는 슈퍼 식물을 만들어 낸다고 해서 인간이 식물에게 폭행했다고 생각하고, 또 그 식물은 폭행당했다고 생각하란 말이야?

맞아. 어려운 사람들을 돕자는 건데 웬 폭력?

음……. 자연스런 생존 방식을 인간이 일방적으로 바꿨으니까.

동물을 예로 들어 보자. 호랑이와 사자를 합쳐서 라이거를 만들기도 하고……. 참, 요즘은 의료 목적으로 유전자 조작을 하기도 해. 인간의 심장을 갖고 태어나는 돼지, 이식을 목적으로 인간의 귀 모양의 피부 조직을 등에 달고 태어나는 돼지 등 의료 목적으로는 헤아릴 수 없을 정도로 많은 유전자 조작 사례가 있대.

유전자 조작으로 새로운 종이 태어난 경우, 대개 그것들은 종족 보존의 능력이 없다고 하더군. 수명도 짧고, 갖가지 질병에 시달리고.

그 정도면 아프다고 비명만 지르지 못했지, 실제로는 폭행당하고 있는 거 아니니?

플란토, 너무 감상적으로 이야기하지 말자니까. 비명을 지르지 못하는 게 아니라 고통에 둔한 거라고. 진짜 고통은 식량 부족으로 굶는 사람들이 겪고 있는 거야.

의료 목적에 의해 조작된 동물 이야기도 그래. 그렇게 해서라도 인간을 살릴 수 있다면 해야 하는 것 아니니? 짐승을 보호하려고 인간의 목숨을 나 몰라라 하자는 거야?

맞아, 플란토. 애석하지만 의료 목적은 좀 어쩔 수 없는 부분이 있는 것 같아. 다만, 생체 실험이나 장기 이식용 동물이 최대한 고통받지 않게 엄격한 규제를 만들고 있대. 그렇게 고맙고 미안한 마음을 표현하는 거지.

흥! 여지껏 없던 고맙고 미안한 마음이 갑자기 생길까?

그런데 그게 문제가 아니라, 유전자 조작 식품의 경우 그게 완전히 안전한지 아직은 확실치 않다는 게 더 큰 문제일 수 있어.

윽! 새로운 공격거리군. 대체 어떤 안전을 말하는 거야?

어쨌든 지구상에 없던 생명체를 만들어 낸 거잖아. 인간이 한 번도 먹어 보지 않은 먹을거리란 말씀이지. 아직까지 해롭다는 결정적인 증거는 없지만, 동물 실험을 통한 간접 증거는 속속 나오고 있어. 큰 논란거리이지.

난 새로 만들어 낸 그 동식물이 생태계에 섞여 들어갈 경우, 어떤 식으로든 혼란을 가져올 가능성이 꽤 높을 것 같은데?

그래, 그래! 바로 내가 하고 싶었던 이야기라고!

그렇다고 해도 아직은 확실하지 않은 거고, 또 가난한 이웃을 위해서라면 적은 위험은 무릅쓸 필요가 있지 않겠어? 연구를 통해 위험 요소를 제거해 나갈 수도 있고.

위험이라는 게 생태계를 희생시킬지도 모르는 정도라면 이야기가 다르지. 결국 인간에게 그 피해가 돌아올 테니까. 100퍼센트 안전하다는 것이 명백히 입증되지 않았다면 절대로 섣불리 나서지 말아야 해. 위험하다는 걸 알았을 때는 이미 돌이킬 수 없다고.

맞아, 맞아! 그것도 내가 하고 싶었던 이야기라고!

우우, 플란토. 계속 게노한테 묻어가기로 전략을 바꿨냐?

게노한테 묻어가는 게 아니라, 용감하게 진리의 편에 서는 것이라고나 할까?

그리고 난 좀 다른 이유에서도 유전자 조작이 맘에 안 들어. 가난한 사람들을 돕는 기술이라고 하지만, 그게 정말 가난한 사람들에게 좋은지 생각해 봐야지.

그건 또 무슨 소리야?

유전자 조작 기술을 가진 사람들만 더 큰 혜택을 볼 거야. 상대적으로 약한 품종을 재배하던 농민들은 손해를 볼 테고. 게다가 대표적인 유전자 조작 식품으로는 콩이나 옥수수 같은 게 있는데, 그것들은 사람이 아니라 가축 사료로 더 많이 쓴대.

어쨌든 부자들만 좋겠군. 유전자 조작으로 곡물 생산량을 늘여도 그걸 사람들이 다 먹는 게 아니라, 고기를 만들어 내는 가축이 먹는다는 말이거든. 결국 고기를 먹을 수 있는 부자들 좋자는 거잖아?

여담이지만, 그 가축들이 늘어나면서 걔들이 뀌는 방귀도 지구 온난화를 유발시킨대.

ㅋㅋ. 어쨌든 너희들 말대로라면 유전자 조작 기술은 결국 가난한 사람들에게 별로 도움이 안 된다는 거잖아. 식량 가격을 내리는 데에도 그다지 기여하지 못하고, 또 싸게 먹는다고 해도 안정성이 보장되지 않은 걸 먹는 셈이고……

아픈 지구의 지친 목소리

슬픈 상황극

갑자기 저만치서 왁자지껄한 소리가 들려 왔다. 구경꾼들이 몰려 가고 있는 곳에는 흰색, 검은색, 푸른색 등 여러 가지 색깔의 옷을 입은 사람들이 긴 헝겊을 늘어뜨린 장대를 들고 천천히 걸어가고 있었다. 그들은 '상황극'을 하는 아마추어 배우들이라고 했다. 사람들이 일손을 멈추고 배우들 주위로 모여들었다. '국제 회의단' 사람들도 떼를 지어 일행을 따라갔다. 아이들도 그들을 따라가기로 했다. 아무래도 사람이 많이 모여 있는 곳에서 아해 엄마를 찾기 쉬울 것 같아서였다.

상황극 행렬은 질척하고 시커먼 길을 지나 갯벌로 내려가더니 이윽고 멈추어 섰다. 앞에서 행렬을 이끈 듯한 남자가 카랑카랑한 목소리로 소리를 높였다.

"여기 모인 벗들이여. 귀 열고 눈 열고 마음 열어, 잘들 보고 듣고 느끼시오. 이제 우리는 온갖 죽은 것들과 죽어 가는 것들의 차가운 등짝을 봐야 하오. 한때 한 몸인 양 다정했던 그들이 매정하게 뿌리치고 돌아서는, 그 차가운 등짝을 봐야 하오~!"

몰이꾼 남자의 말이 끝나자 북과 꽹과리, 나팔 소리가 한바탕 울려 퍼졌다. 소리가 그치고 잠시 정적이 흐른 뒤 본격적인 상황극이 차례차례 펼쳐졌다. 아이들은 맨 앞줄에 앉아 상황극에 빠져들었다.

장면1 : 숲에서 일어난 일

여러 겹의 초록색 옷을 입은 사람이 빙글빙글 돌면서 춤을 춘다. 그 옆에서 반달곰, 코끼리, 표범 가면을 쓴 사람들이 함께 춤을 춘다. 그러자 검은 옷을 입은 사람이 붉은 횃불과 총을 들고 나와 흔든다. 초록색 옷은 찢겨 나가고 붉은 몸이 드러난다. 동물들이 쓰러진다. 여인이 다가와 옷자락으로 동물들을 쓰다듬으며 나직하고 부드러운 소리로 말한다.

여인 숲이 죽었다. 숲과 함께 우리 형제인 동물도 사라지고, 땅은 죽어 갔다. 숲의 한숨에서는 이산화탄소가 나왔다. 그것이 내 몸뚱이인 지구를 뜨겁게 한다. 나는 지쳐 간다……

장면 2 : 갯벌에서 일어난 일

회색 옷을 입은 사람이 팔을 휘휘 내저으며 앉아서 놀고 있다. 검은 옷을 입은 사람들이 달려와 진득한 검은 물감을 뿌린다. 회색 옷을 입은 사람이 자리에서 쓰러져 일어나지 못한다. 여인이 다가와 옷자락으로 그를 닦아 준다. 회색 옷을 입은 사람은 여인의 손길에 따라 일어서려고 하지만 번번이 다시 쓰러지고 만다. 그 위에 돈다발이 흩뿌려진다. 회색 옷을 입은 사람은 더욱 괴로워한다. 여인이 말한다.

여인 갯벌은 처참하게 당했다. 더 따뜻하고 더 시원하고 더 빨리 달리고 더 많이 만들기 위해 저 검고 냄새 나는 기름만을 미친 듯이 좇다가 처참하게 당했다. 한 번 당하고도 잊었고, 두 번 당하고도 잊었고, 세 번 당하고도 잊었고, 네 번 당하고도 잊었다. 사랑으로 뜨거웠던 내 몸뚱이는 이제 검은 연기로 뜨거워진다. 나는 지쳐 간다······.

장면 3 : 늪에서 일어난 일

검푸른 주름치마를 입은 노인이 검푸른 풀을 한 아름 안고 앉아서 천천히 움직이고 있다. 종이로 만든 큰 고니가 날아와 노인의 치마폭에서 노닌다. 청개구리와 나비, 딱정벌레도 날아와 치마폭에서 노닌다. 검은 옷을 입은 사람들이 다가와 노인의 몸 위로 길을 만들고, 커다란 건물을 세운다. 그 위로 다시 돈다발이 흩뿌려진다. 노인은 움직이지 못하고 새와 곤충들도 치맛자락에서 움직임을 멈춘다. 여인이 울면서 새와 곤충들을 쓰다듬는다.

여인 늪은 아주 오래 된 나의 가슴이다. 인간들보다 훨씬 오래 전 내 품에서 살았던 모든 것들이 말없이 잠자고 있던 나의 가슴이다. 갈대, 부들, 창포, 마름, 가시연꽃의 사랑으로 출렁이던 나의 가슴은 시멘트로 메워져 간다. 또다시 1억 몇천 년을 기다린다 해도 늪은 결코 돌아오지 않는다. 손에 쥐어 준 선물을 팽개쳤으니 다시는 선물을 쥐어 주지 않으리. 나는 지쳐 간다……

장면4 : 논과 밭에서 일어난 일

한가로이 붉은 옷을 입은 사람들이 서너 명 누워 있다. 농약 분사기 통을 든 사람이 나타난다. 그가 농약을 분사할 때마다 붉은 옷을 입은 사람들은 몹시 괴로워하며 몸을 비튼다. 이어 화학 비료 부대를 든 사람이 나타나 하얀 비료 가루를 뿌린다. 방사능 표시가 되어 있는 노란 통에서도 무언가가 나오는 듯 흔들린다. 붉은 옷을 입은 사람들은 더욱 괴로워한다. 어김없이 지폐가 흩날린다. 여인이 이곳 저곳을 옷자락으로 닦아 낸다. 여인의 손길에 힘이 없다.

여인　땅이다. 아이들이 맨발로 걸어다니고 몸을 비비고 풀과 열매를 주워 먹던 땅이다. 나무들이 하루하루 뿌리를 뻗고 곡식들이 자라던 땅이다. 살아 있던 땅이다. 내 살이다. 이제 땅은 독이다. 너희는 돈을 받고 땅을 팔았다. 내 몸뚱이는 독이 스며 까맣게 죽어 간다. 나는 지쳐 간다⋯⋯.

장면 5 : 강과 내에서 일어난 일

파란 옷을 입은 사람들이 옷을 펄럭이며 춤을 추고 있다. 아이들이 손바닥을 오무려 파란 옷깃에서 물을 떠 마시는 시늉을 한다. 검은 옷을 입은 사람이 냄새 나고, 거르지 않은 찌꺼기가 둥둥 떠 있는 더러운 물통을 들고 와서는 눈치를 보며 슬며시 쏟아 붓고 간다. '공장 폐수'라고 적힌 물통을 들고 와 시커먼 물을 슬며시 버리기도 한다. 방사능 표시가 된 옷을 입은 사람들도 와서는 무엇인가를 쏟아 붓는다. 파란 옷은 다 떨어져 나가고, 검고 더러운 옷만 걸친 채 괴로워하는 사람들 사이에서 아이들이 검은 물을 마시다가 목을 감싸며 쓰러진다. 돈다발이 또 흩날린다. 여인은 이리저리 뛰어다니며 아이들에게서 물통을 빼앗지만, 아이들은 여인을 피해 물을 마시고 쓰러진다. 여인도 아이들을 감싸안으며 쓰러진다.

여인　너희는 물 속에서 태어났다. 그것을 명심하라. 물은 내 몸이다. 너희는 출렁이는 내 몸 속에서 태어났다. 이제 물은 병든 피

이다. 너희는 돈 때문에 나를 더럽혔으니, 넘치는 샘물 옆에서 목
이 타 죽어 갈 수도 있으리. 나는 지쳐 간다……

장면 6 : 마을에서 일어난 일

지저분한 쓰레기 상자를 든 사람들이 모여 있다. 조금씩 흔들리
다가 서로 몸이라도 닿을 듯하면 소스라치게 놀라면서 몸을 떼어
놓기에 바쁘다. 그러다 한 사람이 자기 상자를 다른 사람에게 건네
주고 등을 돌린다. 그러자 그 사람도 상자를 또 다른 사람에게 건네
주고 등을 돌린다. 그 사람도 받아 든 상자와 자기 상자까지 모두
다른 사람에게 건네 주고 등을 돌린다. 사람들은 연쇄적으로 끝없
이 상자를 다른 사람에게 떠넘기려고 애쓴다. 그런 한 사람 한 사람
위로 연기가 나는 물이 뿌려진다. 사람들은 옆 사람의 물이 자기에
게 튀지 않도록 옷깃을 여미지만, 결국에는 모두 옷이 젖고 만다.
옷이 젖자 사람들이 걸친 웃옷이 찢겨져 사라진다. 여인이 긴 옷자
락을 활짝 펼쳐 그들 모두를 감싸려고 하지만, 서로들 잡아당기는
바람에 여인의 옷마저 찢어진다. 여인은 탈진해 쓰러진다.

여인 많이 남기고 죽는 것은 죄이다, 큰 죄이다. 너희는 평생 동안
　　고단하게 몸을 움직여 만들고, 또 만든다. 왼손으로 만들어 움켜
　　쥐고 오른손에다 버리니 그것이 바로 쓰레기이다. 온갖 생명 가
　　운데 너희만이 썩지 않는 쓰레기를 만든다. 곧 버릴 것을 갖기 위

해 너희는 잠도 자지 않고, 노래도 부르지 않는다. 더 많이 버리기 위해 더 많이 갖는다. 썩은 쓰레기에서는 썩은 물이 흐르고, 썩지 않는 쓰레기에서는 독극물이 굳어 갈 것이다. 아, 비가 올 것이다. 쓰레기를 만들기 위해 쉼없이 돌아가는 공장 굴뚝에서 악마의 머리카락이 독을 묻힌 채 흩날린다. 그것을 스치는 비구름에 독이 스며 모든 것을 녹여 버리고, 모든 것을 메마르게 하고, 모든 살갖이 벗겨지게 하는 산성비가 내릴 것이다. 내 집 문을 닫아도 마을 전체에 스미는 독의 손길에서 벗어나지 못하리니, 나는 지쳐 간다……

장면7 : 우리 모두에게 일어난 일

여인이 홀로 서서 한쪽을 바라보고 있다. 멀리서 손짓을 하면서 모든 등장 인물이 천천히 사라지고 있다. 지폐를 뿌리던 사람들까지도 몸부림을 치면서 끌려간다.

여인 제 목구멍에서 게운 독으로 제 목을 졸랐구나. 제 손에 쥔 칼로 제 가슴을 찔렀구나. 모두 떠나거라. 이젠 너희의 땅이 아니다. 나는 너희의 어머니였으나 이제는 아니다. 나 가이아는 이제 너희의 가이아가 아니다. 나는 다시 이 땅에 젖을 주고, 숨결을 불어넣어야 하리라. 그러나 너희는 내 생명의 노래를 들을 수 없을 것이다. 나는 가이아, 너희는 이제 나의 자식이 아니구나……."

상황극이 모두 끝났다. 구경꾼들은 연극을 보면서 저마다 혀를 차기도 하고, 종주먹을 들이대기도 하고, 안타까운 신음 소리를 내기도 했다. 마지막 장면에서 가이아가 울면서 독백하자 같이 따라 우는 사람들도 있었다. 상황극이 끝난 후 잠깐 동안 모두 말이 없었다. 가슴이 답답해 오는 듯했다.

"가이아가 지구를 지키는 어머니를 상징하나 봐?"

미네랄로가 침묵을 깨고 물었다.

"그보다는 지구 생태계, 그 자체를 상징한다고 봐야겠지. 지치고 아프다는 것은 바로 지구 생태계가 병들었다는 뜻일 테고. 안 그래, 아해야?"

아니말로가 물었다. 그런데 아해는 말이 없었다. 아니, 아해가 없었다. 두리번거리며 아해를 이리저리 찾아보니 가이아 역을 한 배우 앞에 서 있었다.

"설마…… 혹시 드디어 엄마를 찾은 거야?"

아니말로의 외침과 함께 모두들 아해 곁으로 달려갔다. 아이들의 머리 위에서는 기대에 찬 빛이 솟아올랐다. 아픈 게노만이 힘들어하며 천천히 따라갔다.

"분명히 가슴이 아팠는데……."

아해는 가이아 역을 한 배우 앞에 고개를 푹 숙이고 서서 혼잣말로 중얼거렸다. 아해는 상황극을 보다가 감정이 몰입되어 가이아 역의 배우를 엄마로 착각한 모양이었다. 아해와 아이들 일행이 보일 리 없는 그 배우는 탈진한 듯 몸을 깊숙이 숙이고는 땅바닥에 앉아 있었다. 아해의 표정으로 보아서는 엄마가 아닌 것 같았다. 아이들은 위로의 말조차 하기가 미안해서 그저 눈치만 보았다.

　이 때 어디선가 '국제 회의단'의 회의 개막식이 있다는 안내 방송이 흘러 나왔다. 한참을 가만히 서 있던 아해는 손을 들어 탈진한 배우의 땀을 닦아 주는 시늉을 하고는 발길을 돌렸다. 회의 개막을 알리는 안내 방송이 다시 나왔다. 아이들은 왠지 아해 엄마를 찾을 수 있는 마지막 기회가 될지도 모른다는 생각을 하며 개막식 장소로 발길을 옮겼다.

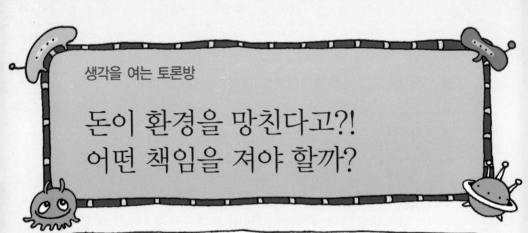

돈이 환경을 망친다고?!
어떤 책임을 져야 할까?

상황극을 보니 결국 돈이 문제이네. 돈이란 잘 살기 위해서 많이 있으면 좋은 거잖아. 그런데 돈이 환경을 망친다는 게 맞는 말이야? 그러면 돈과 환경, 둘 다를 얻을 수 없는 걸까?

지난번 토론방에서도 했던 말이야. 역시 돈, 경제 문제였다고.

지난번에는 좀 다르게 말하던데, 미네랄로.

시간이 지나면 생각도 좀 달라지는 법. 그만큼 생각이 유연하단 말씀이지.

줏대가 없다는 뜻도 되고.

공연히 줏대만 고집하는 건 명청한 짓이야.

어쨌든 돈과 환경은 서로 원수지간인 게 분명하지?

지금 지구에서는 그렇지 않니? 무조건 빨리, 많이, 화려하게 살려고 하다 보니 돈이 많이 필요하고, 그 돈을 끌어모으자니 싸게 많이 만들어서 많이 팔아야 하고……

싸게 많이 만들려니까 마구 파헤치고, 베고, 퍼내고, 죽여야 하고.

더 큰 문제가 있어.

넌 많이 아프니 토론에 끼지 말고 좀 쉬라고, 게노.

한 마디만 하고. 게다가 많이 만들고 많이 쓰는 이 구조는 별로 바뀌지 않을지도 몰라. 왜냐하면 이 구조는 부자에게 유리하거든. 부자들은 자신들에게 유리한 이 경제 구조를 바꾸지 않을 거야.

그건 무슨 말이야?

물건을 싸게 많이 만들어 많이 판다면 생산자나 판매자에게 이익도 많이 남겠지. 물건을 싸게 만들려면 가난한 나라가 자원을 싸게 팔고 가난한 사람들이 노동력을 싸게 제공해야 해. 그러니까 부자들에게는 적은 돈을 주고도 일을 시킬 수 있는 가난한 사람들이 계속 있는 것이 유리해. 돈은 계속 이런 구조로 흐를 거야. 휴유~.

가난한 사람들을 생각하다 보니 절로 한숨이 나오는구나, 게노?

아니, 너무 길게 말하다 보니 기운이 없어서 그래.

뭐? 어휴, 게노. 그만 쉬어라.

그럴게. 나는 빠질 테니 너희끼리 계속해. 피웅~!

그럼, 이제 아까 그 문제를 환경과 관련시켜 이야기해 보자.

부자가 되기 위해서 남들은 어떤 희생을 치르는지에 대해 관심 없는 나쁜 부자들이 환경을 어떻게 만들었나, 그거 말이지?

남들이 사는 터전을 망가뜨리거나, 자원을 함부로 써 버리거나, 위험한 공장은 자기네 땅이 아닌 다른 가난한 나라에 짓는다거나, 화학 비료나 농약을 듬뿍 넣은 값싼 농작물을 대량으로 만들어 파는 바람에 남의 나라 사람의 건강도, 농사일도 다 망하게 한다거나, 에너지를 왕창 써 버려 자원 고갈은 물론 온난화를 불러 왔다거나…….

와, 미네랄로. 언제 지구의 산업 구조에 대해 공부한 거야?

뭐, 틈틈이 조금 봤지. 흠! 잘못은 자기들끼리 해 놓고 환경이 망가진 피해는 모두 다 같이 해결하자면, 그건 좀 염치없는 짓 아니겠어?

가난한 사람들이 '우린 먹고 살기도 힘들다. 환경 생각하면서 살자는 건 한가한 말이다.' 이렇게 나와도 할 말이 없을 거야.

결론은 쉬워!

어떻게?

부자들이 환경을 망쳐 가면서 덕을 본 게 제일 많으니까, 이제 환경 문제를 해결하는 데 쓰이는 비용을 그들이 그만큼 더 내야지, 뭐.

하지만 어쨌든 생태계 전체에 대한 책임은 다 같이 질 수밖에 없어. 지구는 하나의 땅덩어리니까 말이야.

전체가 다 같이 책임지자는 건 가난한 나라에게는 좀 억울한 것 같아. 부자들은 부자가 되기까지 가난한 사람들한테 신세진 게 너무 많잖아?

전체가 다 같이 책임지자는 게 맞지 않다는 말이야?

그렇지. 가난한 나라는 당장 가난에서 벗어나는 게 중요해. 그리고 오랜 세월 가난에서 벗어나지 못한 것은 부자들이 자신들에게 유리한 경제 구조를 유지해 왔기 때문이기도 하고. 또 부자 나라들 때문에 환경이 나빠진 피해를 직접적으로 봤기 때문이기도 해.

짝짝짝! 미네랄로, 나날이 발전하는군.

그러니까 가난한 나라는 당장 가난에서 벗어나야 환경을 생각할 여유도 생기는 거야. 그러면 어떻게 해야겠어? 책임이 있는 부자 나라에서 가난한 나라가 가난에서 벗어날 수 있도록 도와야 하는 거지.

환경 복구에 대한 비용을 부자들이 전적으로 내야 한다, 이거군.

금세 알아듣는군.

나도 동감. 복구비뿐만 아니라 환경 상품이나 기술을 가난한 나라에 무상으로 공급하는 체계를 만들어야 해.

난, 조금 다른데.

더 이상 다른 생각이 어떻게 있지?

환경이 망가지고 가난에서 벗어나지 못한 책임이 자신에게는 과연 정말 하나도 없는걸까? 설사 별로 없다고 해도 지구를 살리자는 일에 나 몰라라 할 수 있어? 그들도 할 만큼은 해야 하는 것 아닐까? 비록 조금 억울하기도 하고, 조금 희생당하는 면이 있더라도 전 지구적 책임을 같이 진다는 생각이 소중한 것 아닐까?

그래, 그런 마음을 가져 주면 고맙지만, 그것을 요구할 수는 없다는 말이야, 내 말은. 그리고 굳이 그렇게까지 하지 않아도 된다고 생각하는 것이고.

정말 생각이 비슷하면서 조금 다르구나.

그렇군. 난 제일 중요한 것은 부자들이 '내가 빚쟁이요' 라는 마음을 가져야 한다는 거야.

난 부자가 아닌 쪽에다 하는 말이야. 곧 책임이 적다고 해서 나 몰라라 하는 건 또 다른 가해자가 되는 시작이라는 것도 알아야 한다는 거지.

그나저나 둘 다 잘 안 되면 지구는 어쩌냐……?

지구 환경을 위한 국제 회의장

'지속 가능한 환경을 위한 국제 회의단'의 개막식은 갯벌 근처의 작은 자원봉사센터에서 열렸다. 아이들이 들어가 보니 벽마다 돌아가며 세계 각지의 환경운동 단체와 주요 환경회의, 친환경 기술 등을 알리는 사진과 포스터 및 친환경 산업 물건들이 전시되어 있었다.

사람들은 자신과 관련이 있는 포스터를 꼼꼼히 읽거나, 기념 사진들을 찍느라 분주했다.

그린피스 1971년 캐나다에서 시작한 세계 최대의 환경운동 단체. 생태계의 다양성을 지키고 지구 오염을 막으며, 평화를 이루자는 뜻에서 시작되었다. 강력한 시위와 강력한 저지, 저항으로 유명하다. 불법 고래 포획 현장, 핵실험 장소, 핵폐기물 처리장 같은 위험한 곳에도 언제나 나타난다.

세계기후회의 WCC 1979년 스위스 제네바에서 열린 제1차 회의에서는 국가 간 경계를 넘어 지구촌 차원에서 지구 온난화에 따른 기후 변화 문제에 공식적으로 대응하기로 했다.

그린라운드 1992년 브라질의 리우 데 자네이루에서 유엔 지구 환경회의가 열렸다. 179개국이 모인 이 회의에서는 '기후 변화에 관한 유엔 기본 협약'(기후 협약)을 합의하고, 지구 환경을 보전하면서 경제 개발도 할 수 있는 '지속 가능한 개발'을 하자고 결의했다. 이후 이산화탄소 등 온실가스 배출량을 제한해 지구 온난화를 예방하는 것을 뼈대로 하는 기후변화협

약을 192개국이 참여한 가운데 1994년 발효했다. 지금은 대체로 국가 간 환경회의를 대표해서 '그린라운드'라고 부른다.

몬트리올 의정서 1987년 오존층 파괴의 원인 물질인 염화불화탄소를 규제하기 위해 인류 공동체 차원에서 협력하기로 선언했다.

교토협약 1997년 '기후변화협약에 따른 온실가스 감축 목표에 관한 의정서'(교토 의정서)를 채택했다. 온실가스 감축 의무 이행 대상국은 미국, 오스트레일리아, 캐나다, 일본, 유럽연합 회원국 등 38개국이었는데, 미국과 오스트레일리아가 "개발도상국에 배출량 규제 의무를 더 많이 부과해야 하고, 그 전까지는 의정서를 거부한다"고 한 데 이어서, "지구 온난화에 대한 과학적 증거가 부족하다"면서 의정서 협상을 일방적으로 중단해 버렸다.

그러다 몇몇 사람들이 여기저기서 한 마디씩 비아냥거리며 불평을 늘어놓기 시작했다. 분위기가 금세 나빠졌다. '교토협약'에 관한 포스터 앞에서 몇몇 사람이 흥분하여 소리치기 시작하면서, 전시장은 커다란 토론장으로 변했다.

"너무 뻔뻔한 것 아니에요? 미국은 1850년부터 2000년까지 지구상에 배출된 온실가스의 무려 29퍼센트를 뿜어 냈어요. 지금도 해마다 전 세계 온실가스의 4분의 1 이상을 배출하고 있는 걸 다 아는데, 어떻게 그렇게 무책임할 수 있는 것인지……."

실로 뜬 조끼를 입은 연한 갈색 머리의 여자가 손가락질을 하며 말했다.

"오스트레일리아도 마찬가지예요. 아무리 자기네 땅에 석탄이 많다고 하지만, 무분별하게 마구 태워서 1인당 온실가스 배출량이 세계 최고이지 않습니까? 하루 빨리 지구 공동체로서의 자세를 갖추어야 합니다."

그 옆에 있던 빨간 머리의 젊은 남자가 거들었다.

"사실 중국과 인도 등도 문제입니다. 이미 온실가스의 거대 배출국인데다가, 온실가스 감축 의무를 지는 것에 대해서도 비협조적이지 않습니까?"

멀찌감치 떨어져 있던 남자가 손에 든 안내장을 흔들며 소리쳤다. 그 모습을 보고는 실로 뜬 조끼를 입은 여자가 머리를 끄덕이며 말했다.

"게다가 얼마 전에는 온실가스인 이산화탄소의 배출권을 사고 파는 웃긴 일까지 벌어졌더군요."

몇몇 사람이 궁금해하는 표정을 짓자, 그 여자는 또박또박 말을 이었다.

"이산화탄소 배출량이 국가 간 협약으로 정해져 있잖아요. 그런데 그 배출량에 못 미치게 배출한 나라들이 그 나머지 양만큼의 배출량에 대한 권리를 다른 나라에 팔았다잖아요. 환경을 생각하는 나라들이 할 짓입니까, 이게?"

여기저기서 "맞아요, 맞아!" 하면서 맞장구를 쳤다.

"게다가 그 위험한 핵폐기물 쓰레기를 가난한 나라에 돈을 주고 떠넘기기까지 했어요. 먼 바다 속에 몰래 버리기까지 했고요. 바다는 그것 말고도 이러저러한 독성 물질을 내다 버리는 곳이라고 생각하는 인간들이 아직도 꽤 있습니다. 그 덕에 수은 등 중금속에 오염된 물고기가 우리 식탁에 오르는 겁니다."

이번에는 머리에 흰 터번을 두른 깊은 눈매의 남자가 말했다.

"대체 바젤 협약이 있다는 걸 모른다는 겁니까, 아니면 모르는 척하는 겁니까? 부자 나라들은 온갖 방법을 써서 그것들을 개발도상국인 아시아나 아프리카에 수출해 왔어요. 물론, 기술 이전이나 자금 지원 등 가증스런 특혜를 붙여서 말이지요."

빨간 머리의 남자가 아까보다 조금 더 흥분한 말투로 소리쳤다.

"그걸 받는 나라도 사실 문제가 있어요. 아무리 가난해도 그렇지. 자기네 땅과 사람에게 해가 되는지를 뻔히 알면서도 그걸 받는단 말이오?"

머리를 초록색으로 염색한 한 남자가 거드름을 부리며 되묻자, 분위기가 갑자기 싸해졌다. 중간중간에서 "대체 뭐하는 사람이야?" 하는 수근거림이 들렸다.

"물론, 받으면 안 되지요. 하지만 가난한 나라의 약점을 이용하는 부자 나라가 근본적으로 더 나쁩니다. 유혹에 넘어가지 않을 정도가 되려면 경제는 물론이고, 사회문화적 · 정치적 조건 모두를 갖춰야 해요. 지금 당장 갖추지 못했다고 비난할 수는 없습니다. 게다가 가난한 나라가 가난한 것은 그들 자신의 문제뿐 아니라, 강대국 위

바젤 협약 국가 간 유해 폐기물 이동 금지 협약이다. 인간과 환경 모두에게 해로운 납 폐기물, 금속 찌꺼기, 의료 폐기물, 핵폐기물과 같은 유해 폐기물을 다른 나라에 수출할 수 없게 규정하고 있다.

주로 되어 있는 경제 구조가 가장 큰 원인이 아닙니까? 그걸 잊으면 안 되지요."

사람들 틈새에서 전동 휠체어를 탄 젊은 남자가 가운데로 나서면서 말했다. 그의 목소리는 유난히 우렁찼다. 사람들이 고개를 끄덕였다.

서로 아는 사이였는지 빨간 머리의 남자가 휠체어 탄 남자와 반갑게 인사를 하고는 말을 덧붙였다.

"다른 사람에게도 해롭다는 것을 뻔히 알면서 수출하는 것은 비난받을 짓입니다. 게다가 그럴듯한 미끼까지 던져 그렇게 한다는 것은 더욱 저열한 짓입니다."

"대체 어느 나라가 그런 치사한 짓을 합니까?"

맨 뒷줄에서 어떤 사람이 묻자 모두 뒤를 돌아보았다. 질문을 한 사람은 얼굴에 여드름이 송송 나 있는 학생이었다. 가슴에는 자원봉사자라는 이름표가 붙어 있었다. 휠체어 탄 남자가 미소를 지으며 대답했다.

"환경에 대한 책임은 어느 나라나 마찬가지이므로, 될 수 있으면 나라 이름은 거론하지 말자는 분들도 많이 계시지만, 학생이 물으니 대답해 드리지요. 오스트레일리아, 캐나다, 미국, 영국, 독일, 일본 등이 대표적인 나라입니다. 대부분 자기네 국토는 환경적으로 매우 깨끗하고 아름답게 관리를 잘 하고 있다고 자부하는 나라들이지요."

그의 말이 끝나자 많은 사람들이 웃었다. 그 나라들에 대한 비웃음이었다. 어떤 사람은 "관리를 잘 하긴 했네. 남의 나라에 자기 나라의 쓰레기를 버리면서까지."라며 주위를 둘러보았다. 혹시나 그 나라 사람들이 있는지 확인하려는 것 같았다. 몇몇 사람들이 고개를 푹 숙였다.

"얼마 전에는 자기네 나라에서 먹지 않고 버리는 고기 부산물을, 그것도 안전성 논란이 있는데도 불구하고 남의 나라에 억지로 팔아 넘기는 나라도 있었대. 무서운 세상이야."

"그런 음식을 먹지 않으면 안 될 만큼 가난하지도 않은 나라가 왜 그런 걸 샀을까? 사실은 그게 훨씬 더 궁금해요. 도대체 왜 그랬을까요?"

갑자기 창가 쪽 창문 틀에 기대어 서 있던 푸짐한 몸매의 아줌마 둘이서 하는 이야기가 들려 왔다. 아줌마 둘만의 대화인 것 같았는데, 마침 전시장이 잠시 조용해졌기 때문에 모두가 똑똑히 들을 수 있었던 것이다. 아줌마들은 "어머머" 하면서 부끄러워했다. 아마 회의 참가단이 아니라 단순히 구경하러 온 모양이었다. 몇몇 사람이 엄지손가락을 치켜 올리며 미소를 보내자 아줌마들은 살짝 얼굴을 붉히며 수줍게 웃었다.

이 때 아까부터 머뭇머뭇하던 여자가 "말 나온 김에 좀더 하지요." 하면서 앞으로 나섰다. 그녀는 색깔이 변하는 카멜레온 인형이 발등에 붙어 있는 샌들을 신고 있었는데, 모든 사람들 시선이 그 신발에 집중할 만큼 돋보였다. 그녀는 긴 치맛자락으로 신발을 살짝 덮고는 이야기하기 시작했다.

"선진국들은 싸구려 연료를 마구 써서 이미 경제 성장을 이루었어요. 자동차 하나만 놓고 보아도 그래요. 세계 인구의 20퍼센트인 선진국이 세계 자동차 수의 90퍼센트를 차지하고 있는 게 현실입니다. 그렇게 마구 만들어 써 놓고서는 이제 자신들은 대체 에너지니, 뭐니 하면서 석탄과 석유에 의존하던 에너지 소비 구조에서 우아하게 벗어나려 하고 있는 거잖아요. 결국 아직도 싼 연료로 경제 성장을 해야만 하는 우리 개발도상국들에게 이제는 석탄과 석유 같은 연료는 쓰지 말고, 자신들이 개발한 대체 에너지, 대체 연료를 쓰라는 것 아닙니까?"

그녀의 말에 많은 사람들이 고개를 끄덕였다.

"맞아요. 게다가 그것도 우리 사정 생각해서 공짜로 주나요? 비싼 돈 주고 사다가 쓰라는 것 아닙니까? 자신들은 석탄과 석유를 맘껏 퍼다 써서 부자가 되어 놓고, 이제 와서 그것이 좋은 게 아니니까 자신들이 만든 새로운 연료를 쓰라고요? 결국 언제까지나 자신들만 좋자는 이야기잖아요. 책임으로 따지면 선진국들이 일차적 책임이 있습니다."

터번을 두른 남자가 열을 내며 거들자, 여기저기에서 두세 사람이 열정적으로 거들었다.

"그렇고 말고요. 지구 온난화의 주범인 이산화탄소만 해도 그래요. 대기 중에 존재하는 여분의 이산화탄소 가운데 4분의 3은 세계 인구의 4분의 1인 부자 나라 사람들이 배출한 것이라는 통계가 그것을 증명합니다. 자신들 몫보다 더 많이 배출한 거지요."

"게다가 지금 대기를 오염시킨 대부분의 이산화탄소는 사실 3, 40년 전 선진국들이 산업을 일으킬 때 마구 배출한, 바로 그 이산화탄소라는 것은 다들 아시죠? 한번 발생된 이산화탄소의 수명은 30

년 넘게 이어져 사라지지 않으니까 말입니다. 사실 우리 중국도 그 때 그 나라들처럼 값싸고 손쉬운 석탄을 쓰고 싶단 말입니다. 무조건 쓰지 말라고 하면 됩니까?"

그의 말이 끝나자 고개를 끄덕이는 사람, 가로젓는 사람, 손을 내젓는 사람들로 주변이 소란스러워졌다. 처음 말을 꺼냈던 실로 뜬 조끼를 입은 여자가 손바닥을 여러 번 치면서 사람들을 진정시키고는 정리하듯 말했다.

"이제 환경 문제는 전 지구적 문제입니다. 함께 해결해 나가야 해요. 가난한 나라 사람들에게 값싼 석탄과 나무를 때지 말라는 것은 무리입니다. 이미 망쳐 놓은 것에 책임이 있는 선진국들은 가난한 나라 사람들이 석탄과 석유를 쓰는 대신 친환경 에너지에 동참할 수 있도록 도와야 합니다. 그건 사실 과거의 잘못에 대한 속죄예요."

"옳은 말씀입니다. 친환경 기술, 친환경 제품, 대체 에너지 같은 환경 관련 산업에 대해서만큼은 냉정한 경제 논리로 접근하지 못하게 해야 합니다. 결국 모두의 생존과 관련된 문제이니까요. 솔직히 말해서 환경 관련 산업으로는 돈을 벌려고 하지 말고, 무조건 선진국이 개발도상국에 무료로 제공해야 합니다."

전시장 한가운데에서 나이 지긋한 노인이 안내견의 목덜미를 쓰다듬으며 점잖게 말했다.

"동의합니다. 무엇보다도 에너지 효율이 높은 자동차와 가전 제품을 개발하고, 태양전지와 바이오 에너지, 친환경 발전에 대한 기술력을 하루빨리 싼 가격으로 이전해야 할 것을 강력히 주장해야 합니다."

제일 먼저 말했던 여자가 다시 카랑카랑한 목소리로 노인의 말을 받았다.

이 때 갑자기 한쪽 구석에서 어떤 남자의 목이 쉰 듯한 소리가 들려 왔다.

"이거, 이 자리가 무슨 선진국 성토장이라도 됩니까? 무조건 기술 이전해라, 책임져라, 구호해라 하면 다 되는 것입니까? 선진국이 봉이에요?"

백인인 그는 키가 너무 커서인지 등이 구부정하게 굽어 있었다.

그가 말을 마치자 너도 나도 한 마디씩 쏘아 댔다.

"뭐라고요? 아니 환경운동가 회의에 온 사람이 그런 식으로 무식하게 말해도 됩니까?"

"아까부터 이상하던데, 당신 혹시 선진국 정부가 심어 놓은 스파이 아니요?"

키가 큰 백인이 불쑥 화를 내며 소리쳤다.

"뭐라고요? 그런 모욕적인 말을!"

사람들이 서로 싸우기 시작하면서 다시 시끄러워졌다. 아이들은 서둘러 전시장을 빠져 나왔다. 아해와 게노는 몹시 피곤해져서 전시장 복도 한쪽에 쓰러지듯 앉았다.

"괜찮겠어? 사람들 없는 곳으로 가서 좀 쉴까?"

플란토가 걱정스럽게 쳐다보며 물었다.

"아무래도 이렇게 사람들이 싸우는 곳에서는 네 엄마를 찾을 수 없을 것 같아."

아니말로가 말하자 미네랄로도 고개를 끄덕였다.

그러자 아해가 손을 힘없이 내저으며 말했다.

"그러게……. 그럼 우리는 여기서 쉬고 있을 테니까 너희는 나머지 전시장을 돌아보고 와. 그래도 지구를 걱정하는 사람들이 무슨 일들을 하려는지는 들어 봐야 하지 않겠어?"

게노도 고개를 끄덕였다. 플란토와 아니말로, 미네랄로는 잠시 망설이다가 아해의 말대로 하기로 했다. 어쨌든 이 사람들의 이야기를 더 들어 봐야 지구의 앞날을 가늠할 수 있을 것 같다는 생각이 들어서였다.

지구를 위한 친환경 전시장

아이들이 다음으로 들어간 전시장은 친환경 산업과 관련된 곳이었다. 그 곳에서는 알록달록한 방울이 달린 커다란 밀짚모자를 쓰고, 반짝이는 지구가 돋보이는 태양계가 그려진 티셔츠를 입은 사람들 여럿이 길게 늘어서서 한창 사람들을 모으고 있었다. 그 가운데 팔뚝에 웃기게 생긴 타조 그림을 새긴 젊은 남자가 무대 위로 오르더니 손짓을 하면서 외쳤다.

"전 세계 1시간 전등 끄기 행사에 함께해요. 우리 '어스 아워 (Earth Hour : 지구 시간)'에서는 오는 3월 29일 오후 8시 '1시간 전등 끄기' 행사를 개최합니다. 전력 생산이 지구 온난화를 일으킨다는 사실과 지구 환경이 위기에 처하고 있다는 사실을 되새기고, 더 늦기 전에 행동을 취해야 한다는 메시지를 전하는 것이 목적입니다. 이미 세계 각지에서 동참하겠다는 의사를 전해 왔습니다. 오후 8시입니다. 지구에서 전등이라는 인공 불빛이 차례로 꺼지는 전 지구적 행사에 모두의 동참을 바랍니다."

이번에는 그 옆에 서 있던 여자가 은색 물체를 치켜들면서 말을 받았다.

"자, 자! 경품 잔치입니다! 두 손바닥 자전거, 차곡차곡 접으면 손바닥 두 개 정도 크기밖에 되지 않는 초경량 접이식 미니 자전거입니다. 다음 문제를 모두 맞히시는 분을 추첨해서 상품으로 드립니다. 에너지를 이용하고, 쓰레기를 배출하는 유일한 동물은 무엇일까요? ○○, 두 글자입니다. 천연가스나 석유처럼 한 번 쓰고 나면, 다시는 쓸 수 없는 자원들을 뭐라고 할까요? ○○○○○ 자원이라고 하지요. 이것들은 탈 때 이산화탄소 등 ○○가스를 배출합니다. 이 때문에 지구는 점점 더워지고 있습니다. 하루속히 청정 연료를 개발하고, 재생 에너지 자원을 연구해야 하지만, 지금 당장 나 스스로 에너지 사용을 줄이도록 노력해야 합니다. 그 첫 번째 시도로 자동차 대신 자전거를 탑시다. 내 몸에도 좋고, 지구에도 좋습니다. 이 예쁜 자전거가 경품입니다. 답을 맞히시는 세 분에게 드립니다."

이 경품 행사는 싱겁게 끝나고 말았다. 멀리서 견학왔다는 초등학생들이 손을 번쩍 들고 답을 맞혀 버린 것이다. 물론, 그 곳에 모여 있던 다른 사람들도 모두 정답을 알고 있었지만, 아이들에게 양

보한 것이다. 타조 문신을 한 남자가 '인간', '재생 불가능 자원', '온실가스' 라는 정답이 쓰인 부채를 들고 흔들면서, 상품 상자를 건네 주었다. 상자 한쪽 면에는 '지구의 벗 우후루(Uhuru)' 라고 쓰여 있었다.

그러고 보니 한쪽 벽 전체에 커다란 글씨로 '우후루' 라고 쓰인 광고문이 있었다. 아이들은 광고문을 읽었다.

환경을 되살리는 착한 사업 종합 세트

청정 연료를 쓰는 자동차, 나무를 많이 쓰면서도 숲을 보존하는 개발 방법, 에너지를 직접 생산해서 쓰고 남은 것은 되팔아 수익을 올리는 초고효율 에너지 건축물, 결코 쓰레기가 되지 않는 재활용품들, 생태계에 전혀 해가 없는 세제와 환경에 아무런 문제를 일으키지 않는 바이오 플라스틱 등 화공 산업, 친환경 사업이 모두 모여 있습니다. 우리 회사 '우후루(Uhuru)' 를 방문해 주십시오. 친환경 사업의 모든 계획서와 안내서가 제공됩니다.

이 광고 앞에 유난히 많은 사람들이 모여 있었는데, 그 이유는 벽면에 보이는 영상물의 아름다움 때문이었다. 화면에는 어느 한 도시의 생활상이 그려지고 있었다. 화면을 보고 있는 사람들의 표정이 마치 꿈의 낙원을 보는 듯했다. 화면 속 그림과 함께 나직한 목소리로 설명이 이어졌다.

"도시는 푸른 숲으로 둘러싸여 있습니다. 그 숲은 그냥 나무가 아니라 1년에서 길어야 5년이면 모두 자라는 특수한 품종으로 이루어져 있습니다. 수요와 공급을 정확히 계산해서 관리하기 때문에 숲은 언제나 일정합니다. 빌딩은 물론 일반 주택 등 모든 건물은 에너지 효율을 극대화한 특수한 건축술로 기존 건축에 비해 열 배 이상의 에너지를 절약하며, 태양열을 이용하여 건물 자체적으로 에너지를 생산합니다. 건물 몇 개 단위로는 미생물의 정화작용을 이용하여 물을 정화하고 순환시키는 정화 연못이 있습니다. 동네별로 유기물 쓰레기 처리장이 있어서 모든 음식물 쓰레기는 퇴비로 만들어집니다. 또 퇴비의 발효 과정에서 나오는 메탄 등 온실가스를 모아 전력을 생산하는 데 이용하는 바이오가스 공장이 쓰레기 처리장에 설치되어 있습니다. 도시의 거리는 자전거가 다니기 편리하게 설계되어 있고, 부득이한 경우 빌려 쓰는 대여 자동차 사업이 활발합니다. 가장 많이 쓰이는 물건 재료는 특수한 박테리아를 이용해 만든 바이오 플라스틱입니다. 이것은 일반 플라스틱처럼 만드는 데 엄청나게 많은 에너지가 들거나, 수백 년 동안 분해되지 않아 환경을 오염시키지 않습니다. 한 달도 되지 않아 완전 분해될 뿐만 아니라 얼마든지 반복 재생해서 쓸 수 있습니다."

"우와, 멋있어. 정말 이런 곳이 지구상에 있단 말이야?"

플란토가 감탄하며 외치자 머리카락이 푸른빛을 내며 흔들렸다.

"플란토, 진정해. '자유라는 이름의 도시 우후루는 건설 중입니다.' 라고 자막에 써 있잖아."

미네랄로가 플란토의 머리카락을 잡아당기며 말했다. 플란토가 쑥스러운 듯 머리카락을 만졌다.

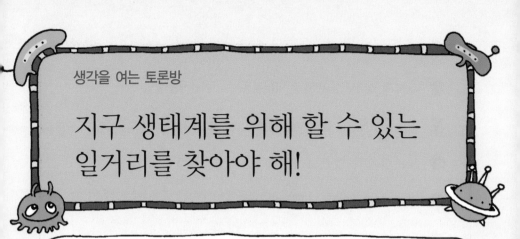

지구 생태계를 위해 할 수 있는 일거리를 찾아야 해!

이건 질문이라기보다 숙제야. 지구 생태계를 보존하기 위한 여러 가지 방법들을 생각해 보자고. 어떤 것을 인간에게 충고해 줄 수 있을까?

인간들이 지금 당장 지구에서 사라져야 한다, 이런 건 안 되지?

– – ;

아니면, 인간들은 지금 당장 그들의 문명을 버리고 원시 시대로 돌아가라, 이런 것도 안 되겠지?

그래 봤자, 몇십만 년 후에는 똑같은 일이 또 벌어질 텐데? 인간을 그렇게 모르겠냐?

희망이 전혀 없는 건 아니잖아. 지금부터라도 노력하면 오랜 시간이 걸리기는 하겠지만, 모든 생물이 한동안은 조화롭게 지낼 수 있을 거야.

한동안이라니, 무슨 뜻이야?

어차피 한 생물종이 그렇게 오래 살지는 못하잖아. 오랜 시간 전성기를 누렸다는 공룡도 1억 6000만 년 정도 살았다니까······.

그러니까 같이 사는 동안이라도 친구처럼 사이좋게 잘 지내라, 이거야?

그렇지. 얼마나 잘 버틸 수 있는지는 모두 인간에게 달렸어.

잘못하면 자신은 물론, 다른 생물의 멸종을 앞당길 수도 있는 거지.

맞는 말이기는 한데, 좀 무섭네.

원래 진리의 세계는 냉정한 거야. 험.

그런데 인간들이 정말 다른 동식물을 친구로 생각할 수 있을까?

같이 살아가는 생명들을 친구로 생각하지 않는 인간들이라면, 우리와 이웃이 될 가능성도 전혀 없다는 결론이 나지.

맞아. 인간을 포함한 지구의 모든 생명은 하나에서 시작되었잖아. 그러니까 친구일 수밖에 없는 거야. 우연히 지능을 갖게 되었다고 해서 잘난 척한다면, 지구에서 번영을 누릴 자격이 없는 거야.

그래도 그런 문제를 깨닫고 나선 사람들이 있다는 게 불행 중 다행이야.

그러니까 우리도 한 번 생각해 보자. 지금 우리가 인간이라면 지구를 살리기 위해 어떤 일들을 할 수 있을지 말이야.

좋아, 열 가지 이상씩 지구를 살릴 수 있는 참신한 방법을 생각해 봐.

우선, 청정 에너지나 대안 에너지 개발에 가장 중점을 두어야 하겠지.

친환경 기술은 모든 아이디어를 무상으로 공개하는 건 어떨까?

에너지 문제가 가장 먼저 나오는 것을 보니 그게 제일 중요하다는 말이군.

많이 만들어 쓰고 버리는 인간의 생활이 지구 환경을 훼손시키고 있다고 했잖아. 그런데 무엇을 만들어 쓰고 버리는 것은 에너지를 이용한다는 말이니까, 결국에는 에너지 문제가 핵심이라고 볼 수 있지.

맞아. 결국 에너지를 만들기 위해서 화석 연료를 마구 캐서 쓰다 보면 대기 오염이 심해지고, 그 에너지를 이용해서 만든 물건을 마구 쓴 다음 버려지는 것들을 처리하기 위해 또 엄청난 에너지를 쓰고……. 이런 악순환이 지구 환경을 망치고 있지.

그런데도 인간들은 에너지를 많이 쓰면 쓸수록 점점 더 욕심을 낸다고.

그럼 환경에 피해가 가지 않는 고효율 청정 에너지를 만드는 건 어때?

물론, 그렇다면 에너지를 만들면서 훼손되는 환경 파괴는 어느 정도 막을 수 있지 않을까? 화석 원료를 더 이상 쓰지 않거나, 거대한 댐을 만들지 않으면 얼마나 좋겠어?

그래서 원자력 발전을 주장하는 사람이 많다고 들었어. 효율도 높고, 저렴하고 깨끗한 에너지라고 하던데?

무슨 소리? 만드는 과정과 뒤처리에 위험성이 도사리고 있어. 잘못될 경우, 방사능 오염의 재앙이 상상을 초월한다는 건 이미 경험해 봐서 알 거야. 싸다고? 뒤처리에 돈과 시간이 얼마나 들어갈지 아직 계산도 하지 못하고 있는데? 훗날 뒷세대에게 모든 책임을 떠맡기고 있으면서. 흥! 감당하지 못할 기술이라면 아직은 쓰지 말아야 하는 거지.

에이, 생각해 보니 더 그래. 효율이 높기만 하면 뭘 해? 에너지를 그렇게 많이 만들어 내면 욕망은 점점 커져 그만큼 또 만들어 흥청망청 쓰고, 맘대로 버릴 텐데, 뭐.

그래. 아무래도 에너지 소모량을 줄이거나, 효율적으로 쓰는 것을 환경 살리기의 원칙으로 삼는 게 옳은 것 같아. 어디, 그런 아이디어를 내 보자고.

음……. 단열 효과가 크면서도 분해가 쉬운 건축 재료는 어때?

자전거, 생분해되는 플라스틱 등 친환경적 제품 생산, 오폐수의 완전 재활용, 에너지 효율 높이기, 농약이나 화학 비료를 쓰지 않고도 생산성을 높일 수 있는 친환경적인 방법의 개발 등은 이미 전시회에서 다 봤고.

무엇보다 중요한 것은 환경을 위해 교만한 이기심을 버리고 조금 불편하고, 푸짐하지 않아도, 그리고 조금 거칠고 화려하지 않아도 괜찮다는 생각을 하는 거야. 그런 마음을 가지고 있으면 친환경적인 생활이 가능하지 않을까?

그런데 왜 꼭 친환경적인 일은 불편하고 부족한 걸 참으며 해야 되지?

물론, 그렇지 않은 물건과 시스템도 많이 개발되었대. 훨씬 더 좋을 수도 있다더군. 하지만 그런 물건이나 시스템이 아니더라도 좀 참아 줘야 하지 않을까? 환경을 위해서 말이야.

진짜로 좋아서, 모두를 위해서, 후손을 위해서 하는 일이라면 거친 것이 오히려 좋게 느껴질 수도 있어. 좋고 나쁜 것은 마음먹기 나름이니까. 취향의 문제이기도 하고.

자꾸 원칙만 말하지 말고, 어서 반짝이는 아이디어를 더 내 보자고.

그러는 너는 왜 아이디어를 내놓지 않는 건데?

아, 물론 나도 할게. 음…… 음…… 음…….

아무래도 오늘 밤을 새야 할 것 같지?

음…… 음…… 음…….

거, 그 소리 좀 그만해!

암…… 암…… 암…….

지구를 지키는 힘

송송당 쓰레기 처리 로봇의 음모

이 때 어디선가 갑자기 날카로운 여자의 비명 소리가 들려 왔다. 사람들이 놀라서 전시장 밖으로 뛰어 나갔다. 아까 보았던 실로 뜬 조끼를 입은 여자가 건물 바깥을 손가락으로 가리키고 있었다.

이상하게 생긴 거대한 기계가 요란한 소리를 내며 슬슬 굴러오고 있었다. 마치 몸을 잔뜩 구부린 거대한 고슴도치처럼 동그랗게 생긴 물체는 아무래도 아름다움을 아는 사람이 만든 것 같지는 않았다. 색깔도 칙칙한데다가 이상한 냄새가 나는 가스 같은 것도 뿜어 내고 있었다. 사람들은 모두 코를 막고 못마땅하다는 표정으로 그 물체를 째려보았다.

그 이상한 기계는 사람들이 모여 있는 회의장 앞에 멈추어 섰다. 기계의 꼭지에서 문이 열리더니 나비넥타이를 매고, 콧날이 길쭉한 어떤 남자가 솟아올랐다. 그의 두 손에는 그가 타고 온 거대한 기계의 축소 모형이 들려 있었다. 나비넥타이를 맨 사람이 손을 빙빙 돌리며 웅변하듯 말했다.

"친애하는 환경운동가 여러분! 세계 최고의 기술력과 자금 동원력을 자랑하는 우리 숑숑당 그룹은 이번에 이 특수 캡슐을 발명하는 쾌거를 이루었숑당. 이것으로 우리는 여러분들의 골칫거리를 단숨에 날려 버리겠숑당! 이 캡슐만 있으면 여러분의 나라는 세계에서 존경받는 나라가 될 수 있숑당! 부자 나라가 될 수 있단 말이숑당! 박수! 박수!"

"쳇, 부자 나라라고 존경받나? 웃기는 인간이네."

누군가가 어이없어하면서 피식 웃었다.

"대체 그게 뭐란 말이오?"

또 다른 사람이 따지듯 물었다. 숑숑당 당수라는 그 사람은 해괴한 미소를 짓더니 거드름을 피우며 느릿느릿 설명했다.

"이것은 최신의 나노 기술을 총동원해서 생체 유전자 조작을 통해 탄생시킨 만능 로봇 '몰토 원!' 이것은 인간이 만들어 낸 온갖 쓰레기를 단숨에 처리할 수 있숑당. 심지어 화석 연료를 태울 때 나오는 유해 가스까지 흡수해 해가 없는 가스로 분해할 수 있숑당. 쓰레기가 있는 곳을 스스로 찾아가 순식간에 분해하는 것은 물론이고, 분해 과정에서 나오는 가스로 에너지를 자체 생산해서 작동하는 위대한 로봇! 쓰레기가 많을수록 만들어 내는 청정 에너지도 많아져서 이 작은 기계 하나면 인구 10만 정도의 도시는 충분히 움직일 수 있숑당. 말하자면, 인간의 힘으로 엔트로피를 줄여 나가는 위대한

기적의 기계를 탄생시켰다고나 할까숑당. 완전히 이건 하늘의 축복
이라고 할 수 있숑당……."

여기까지 말하고 크게 숨을 몰아쉬더니 갑자기 소리를 높였다.

"이제 인간은 '몰토'에게 모든 문제를 맡기고, 그냥 맘껏 퍼먹고
퍼마시며, 퍼 쓰고 퍼 버리면 되숑당. 진실로 천국, 극락이 온 것이
숑당. 더 이상 멸종하는 식물과 동물의 가소로운 협박을 받지 않아
도 되고, 열받고 있다는 따끈따끈한 지구의 음흉한 협박을 받지 않
아도 되는 세상이 왔숑당. 인간은 인간의 힘으로 천 년 만 년 잘 살
아갈 것이숑당. 환경의 위기? 흥! 개에게나 던져 주라지!"

말을 마치면서 그는 큰 소리로 웃어 댔다. '칼칼칼칼'과 '칵칵칵
칵'의 중간쯤 되는 기괴한 웃음소리에 사람들은 소름이 돋는 것 같
았다.

사람들이 크게 술렁였다. 쓰레기의 모든 문제를 단번에 해결해
주는 기계라니! 그의 말대로라면 '몰토'만 있으면 인간들은 적어도
쓰레기와 에너지에 관한 모든 걱정은 잊고, 팔짱 끼고 소비와 파괴
를 즐기기만 하면 된다는 것 아닌가!

"그럼 핵폐기물은? 그것도 완전히 무해한 상태로 분해 처리가 될
수 있소?"

> **엔트로피** 다시는 사용될 수 없는 에너지를 나타내는 하나의 척도. '엔트로피 증가
> 법칙'에 따르면, 우주 안에서는 언제나 엔트로피가 증가만 할 뿐, 반대로 감소하는 경우
> 는 없다. 즉, 유용하게 이용할 수 있는 에너지는 줄고, 대신 사용할 수 없는 에너지는 증
> 가한다는 것이므로, 어떤 에너지든 한 번 사용하고 나면 다시는 사용하기 전 상태로 되
> 돌릴 수 없다.

어떤 사람이 소리쳐 물었다. 순간 사방이 조용해졌다. 대답이 궁금한 것이다. 슝슝당 당수는 단번에 대답을 하지 않고 사람들을 천천히 돌아보며 뜸을 들이더니, 고개를 크게 끄덕였다.

"물론! 무엇이든 가능하슝당. 그러니 인류는 걱정없이 핵 물질을 마음껏 이용해도 되슝당."

여기저기서 감탄하는 소리, 못 미더워 웅성거리는 소리가 터져 나왔다.

"정말로 아무것도 남지 않는단 말이오? 오직 에너지로 이용할 수 있는 가스만 남는다고?"

누군가가 이렇게 묻자, 슝슝당 당수는 기계 속에서 새끼손가락 한 마디 크기의 작은 캡슐을 몇 개 꺼내 들었다.

"100톤의 쓰레기를 처리하면 가스 말고는 이 작은 캡슐 하나가 생기슝당. 이것은 정제된 미네랄 덩어리슝당. 해롭기는커녕 이것을 땅 속에 묻으면 땅을 기름지게 하슝당."

"그렇다면 당신은 그걸 팔기 위해 온 것이오?"

또 한 사람이 소리쳤다. 슝슝당 당수는 음흉한 미소를 지었다.

"나같이 위대한 영혼을 가진 사람이 어찌 이런 위대한 발명품을 돈으로 사고 팔 수 있단 말이오? 나는 단지 인류를 위해 이것을 이곳에 풀어 놓기만 할 것이슝당. 그러면 '몰토' 는 스스로 작동할 것이슝당. 다만, 바라는 게 있다면……."

슝슝당 당수는 헛기침을 몇 번 하더니 말을 이었다.

"모든 사람이 나와 같이 말끝에 '슝당' 을 붙이는 '슝슝당' 당원이 되기만 하면 되슝당."

그의 말을 들은 후 사람들은 아까보다 더 심하게 술렁였다. 말도 안 된다는 사람, 한 번 미친 척하고 시험해 보자는 사람, 위험성이 검증되지 않았으니 검증부터 받게 하자는 사람, 무조건 그의 말에 따라야 한다면서 벌써부터 말끝에 '송당'을 붙이는 사람들이 모두 나서서 떠들기 시작했다.

시끄러운 소리에 쉬고 있던 아해와 게노가 아이들 옆으로 다가왔다.

"이게 웬 소란이야?"

아해가 플란토에게 물었다. 아해의 목소리가 간신히 쥐어짜는 듯 힘없이 갈라져 있어서 플란토는 깜짝 놀랐다. 플란토는 대답 대신 아해의 얼굴에 손을 갖다 댔다. 아해의 얼굴은 창백했고 차갑고 축축했다. 옆에 있던 게노도 마찬가지였다. 게노도 간신히 서 있는 것 같았다. 플란토는 가슴이 쿵 하고 내려앉았다. 친구들의 상태가 더 심해진 것이다.

아니말로와 미네랄로가 두 아이를 부축하고는 간략하게 송송당 당수의 이야기를 들려 주었다. 아해와 게노는 얼굴을 마주 보았다. 둘 다 벼락을 맞은 듯한 멍한 표정이었다.

"넌 믿겨?"

게노가 아해에게 물었다.

아해가 고개를 흔들며 되물었다.

"아니, 넌 믿겨?"

게노가 고개를 흔들더니 플란토를 쳐다보았다. 플란토도 고개를 흔들고는 미네랄로와 아니말로를 쳐다보았다. 아이들 모두 고개를 흔들었다. 아이들은 제 정신인 사람들이라면 저 우스꽝스런 사람의 말에 코웃음치고 말았어야 한다고 생각했다. 좀전의 상황은 환경회의로 모인 사람들에게 재미를 주려고 만든 코미디가 분명했으니까. 지금 지구의 기술력으로는 숑숑당 당수가 말하는 정도의 기계를 만들 수 없을 뿐만 아니라, 쓰레기 처리기 하나로 마치 모든 환경 문제가 해결될 듯이 말하는 것도 분명 억지 코미디가 분명했다.

그러나 다른 사람들의 표정을 보니 꽤나 솔깃한 눈치였다. 아이들은 기가 막혔다.

"우리 이럴 게 아니라, 직접 몰토라는 저 기계를 시험해 봅시다. 밑져야 본전이지, 뭐."

어떤 사람이 팔을 걷어붙이고 나섰다. 다른 사람들은 잠시 망설이더니 그의 뒤를 따라 회의장 건물을 나가기 시작했다. 숑숑당 당수는 주위를 둘러싸는 사람들을 쳐다보며 기분이 좋은지 어깨춤까지 덩실덩실 추는 것처럼 보였다.

갯벌에 사람들이 까맣게 모였다. 회의장에서 나간 사람들뿐만 아니라, 소문을 듣고 달려온 사람들부터 이상하게 생긴 기계에 호기심이 생긴 사람까지 많은 사람들이 모여들었다. 기계 옆에는 어느새 쓰레기가 쌓여 있었다. 일반적인 생활 쓰레기에서부터 갯벌 청소에 쓰인 기름때 쓰레기까지 모여 고약한 냄새를 풍겼다.

"자, 두 눈 똑바로 뜨고 지켜보숑당. 이 쓰레기들을 몰토에 집어넣겠숑당. 가스 냄새가 조금 나더라도 잠깐 참아 주숑당."

숑숑당 당수가 몰토에서 내려와 손에 든 무선장치를 조작하자, 몰토가 '웅' 하는 소리를 내더니 쓰레깃더미로 긴 팔을 내밀었다. 이윽고 몰토가 쓰레기를 집어 올려서 몸 속으로 가져가려는데, 갑자기 낡은 옷을 입은 한 젊은이가 어디선가 뛰어들어와 앞을 가로막았다.

"안 돼요. 절대 안 됩니다!"

그는 죽을힘을 다해 소리치는 것 같았는데, 이미 많이 지친 듯 쥐어짜는 섬뜩한 소리가 났다. 그 바람에 사람들이 뒤로 한 걸음씩 물러났다. 그는 몰토를 가리키며 외쳤다.

"나노 기술 좋아하네! 어떤 것이든 녹이는 고단위 독극물로 쓰레기를 녹이고, 거기서 나온 가스를 캡슐 속에 압축해 놓는 겁니다. 위험해요."

"이자는 미쳤숑당. 무능력해서 우리 숑숑당에서 쫓겨난 자이숑당. 앙심을 품고 이러는 거숑당."

숑숑당 당수가 젊은이에게 달려들며 소리쳤다. 그의 말대로 정말 그 젊은이는 비록 낡았지만 숑숑당 당원이라는 글씨가 새겨진 옷을 입고 있었다. 젊은이의 두 팔을 꺾어서 붙잡은 숑숑당 당수는 몰토에게 명령을 내렸다.

"몰토, 이자를 쓰레기 처리해!"

젊은이는 몸부림을 치며 숑숑당 당수에게서 벗어나려고 했지만, 몹시 지쳐 있어서 제대로 힘을 쓰지 못했다. 몰토가 기다란 팔을 젊은이에게 뻗었다.

"어떻게 하면 좋아? 얘들아, 어떻게 좀 해 봐. 초능력 같은 걸 써

보라고.”

아해가 가슴을 감싸쥐며 아이들에게 도움을 청했다. 그렇지 않아도 아까부터 아이들의 아모코가 요상한 빛을 내며 마구 흔들리고 있었다. 그러나 게노가 힘없이 고개를 흔들고는 그 자리에 주저앉았다.

“우리는 지구를 관찰할 수는 있어도, 개입할 수는 없어. 우리의 에너지 파장과 지구의 파장이 다르기 때문에 조금도 힘을 쓸 수가 없거든. 미안해, 아해야.”

미네랄로가 이푸이푸를 만지작거리며 아해를 위로했다. 아해도 게노 옆에 힘없이 주저앉았다. 아니말로는 빨리 이 혼잡한 곳에서 벗어나자고 했다. 아까부터 게노의 얼굴이 회색빛이 도는 게 영 마음에 걸렸다. 게노는 눈에 띄게 힘들어했다.

이 때 몇몇 사람들의 가느다란 비명 소리가 들려 왔다. 몰토가 젊은이를 붙잡아 높이 들어올린 후 몸통 안으로 집어 넣으려고 하자, 또 다른 젊은 여자가 달려와 젊은이의 몸을 붙잡고 매달린 것이다. 알록달록한 망토 같은 것을 걸치고, 오색 빛이 감도는 구슬 목걸이를 한 그 여자는 온 힘을 다해 젊은이를 몰토의 손에서 떼어 놓으려고 애쓰며 사람들에게 외쳤다.

“이 사람 말이 맞아요, 믿으세요. 저는 아프리카 작은 부족의 부족장입니다. 저자는 독가스가 압축된 캡슐을 우리 고향 땅에다 묻었어요. 그 때부터 우리 고향 땅에서는 숲이 말라 죽고, 동물들이

떼죽음을 당했어요. 사람들마저도 머리가 이상해져 친구를 공격해서 다치거나 죽게 했습니다. 머지않아 우리 부족은 이 지구상에서 영원히 사라질 거예요. 이 사람은 죽음을 무릅쓰고 송송당에서 뛰쳐나와 그 사실을 우리에게 알려 준 용감한 사람입니다. 여러분, 제발 우리 말을 믿으셔야 합니다."

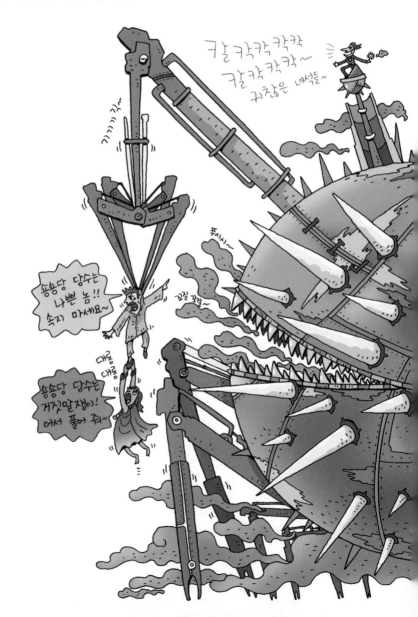

여자의 말에 사람들이 웅성거리자, 숑숑당 당수의 기괴한 웃음소리가 다시 울려 퍼졌다.

"칼칼칼. 자, 여러분. 오늘의 퍼포먼스는 이것으로 끝이숑당. 재미있으셨숑당? 이제 다들 돌아가세숑당."

모여들었던 사람들은 어이없어하면서 돌아서기 시작했다. 그러나 몰토에 매달린 두 젊은이는 돌아서는 사람들을 향해 속고 있는 것이라면서 고래고래 소리를 질렀다. 숑숑당 당수가 음흉한 미소를 지으며 몰토에게 다시 작동을 명령했다. 이번에는 몰토의 다른 쪽 팔이 나와 젊은 여자까지 붙잡아 몸통 속으로 집어 넣으려고 했다. 두 젊은이의 날카로운 비명 소리가 갯벌을 가득 메웠다. 사람들은 그들의 연기에 감탄한다는 표정을 지으며 열렬히 박수를 보내며 돌아섰다.

저항하던 두 젊은이의 몸이 일순간 축 늘어졌다. 지쳤는지, 아니면 몰토가 숨통을 조이기라도 했는지 알 수가 없었다.

이 때 갑자기 아해가 몸을 일으키더니 '으얏' 하고 소리를 지르며 몰토에게로 달려갔다. 그러자 이번에는 숑숑당 당수가 캡슐을 여러 개 꺼내 들었다. 그것을 사람들에게 집어 던질 기세였다.

"아니, 저건 또 뭐야?"

플란토가 깜짝 놀라 소리쳤다.

"그게 문제가 아니야. 아해를 구해야 해!"

게노가 있는 힘을 쥐어짜서 말했다. 아이들이 아모코를 꺼내 들고 숑숑당 당수와 맞서고 있는 아해에게로 달려갔지만, 숑숑당의 캡슐이 먼저 허공에 던져지고야 말았다. 그런데 아해의 몸에 캡슐이 닿으려는 순간, 게노가 어느 새 무서운 속도로 달려와 아해의 몸을 감싸안았다. 게노의 몸에 맞은 캡슐들은 요란한 소리를 내며 터져 고약한 냄새를 풍기기 시작했다.

"아모코를 집중해. 가스를 없애라고,"

게노가 다시 외쳤다. 게노의 얼굴은 이미 흙빛으로 변했고, 잠바로 역시 빛을 잃었다.

아이들의 아모코가 집중되자 아름다운 오색 빛이 힘차게 솟아올랐다. 한참 동안 여러 가지 모양의 빛줄기가 생긴 뒤 마구 흔들리면서 캡슐 가스 속으로 들어갔다. 이윽고 캡슐 가스가 사라졌다. 아이들은 온몸에서 힘이 빠져 나가는 것을 느끼고는 게노와 아해의 포개진 몸을 감싸안으며 쓰러졌다. 캡슐 가스가 사라지자 그제서야 퍼포먼스가 아니라 실제 상황이었던 것을 알게 된 사람들이 다시 몰려왔다. 그들은 마구 소리를 지르며 송송당 당수를 공격하기 시작했다.

생명공동체의 공존을 위한 우정

"대체 무슨 일이 있었던 거야?"

플란토가 눈을 번쩍 뜨며 중얼거렸다.

"아니, 여긴 우리 탐사선이잖아?"

자리에서 벌떡 일어나면서 미네랄로가 말했다.

"이제 알겠어!"

아니말로가 탐사선 안을 튕기듯 뛰어다니면서 손가락에서 붉은

빛을 퐁퐁 풍겼다.

"뭘, 알겠다는 거야?"

플란토가 머리를 흔들며 물었다.

"우리는 지구의 일에 간섭할 수 없어. 억지로 개입하려니까 교란이 생겨서 우리가 기절한 거라고. 그러고는 고마운 아모코가 우리를 탐사선으로 옮겨 준 거고."

아니말로의 말에 둘은 고개를 끄덕였다.

"그랬구나······. 어쨌든 우리가 몹쓸 기계를 막아 냈어."

옆의 수면 캡슐에서 아해의 목소리가 희미하게 들려 왔다. 반가운 마음에 튕기듯이 다가가 보니 아해는 몸 곳곳에 작은 상처들이 벌겋게 나 있었다.

"대체 왜 그렇게 달려갔던 거야?"

플란토가 아해의 몸에 난 상처를 만지면서 물었다. 아해는 충격이 가시지 않은 듯 멍한 얼굴이었다. 플란토가 아해에게 무슨 소리를 듣거나, 무엇을 보았냐고 다시 물었다.

아해가 고개를 끄덕였다.

플란토가 다시 "엄마 목소리였어?"라고 조심스럽게 물었다.

아해가 고개를 갸웃하더니 눈을 살며시 감고 조용히 말했다.

"막아야 한다고······, 독가스는 인간에게서 우정을 잃어버리게 만든다고······."

"역시 그랬구나. 뭔가 이상하더라니까."

플란토가 측은하다는 표정으로 아해를 보며 말했다.

"우정? 그게 인간한테 그렇게 중요해?"

아니말로가 머리를 긁적이며 물었다.

"우정은 진심으로 친구가 되는 거야. 그에게 내가 좋은 친구가 되어 주고, 그가 나의 좋은 친구라는 것을 진심으로 느끼는 거지. 그냥 친구가 있어서 든든하고 좋은 거야. 친구가 없다면 나는 함께 놀 수 있는 상대가 없어 많이 외로워질 거야."

아해가 어찌나 다정한 목소리로 설명해 주던지 마치 부드러운 노래를 듣는 것 같았다. 아이들은 잠시 아득한 행복감에 젖었다.

그러다 문득 잃었던 정신을 차린 듯이 플란토가 눈을 끔벅이며 물었다.

"그런데 모든 인간들이 우정을 잃는다면 슝슝당 당수 자신도 외롭고 슬퍼지는 거 아니야? 도대체 왜 인간에게서 우정을 없애려고 한 거지?"

"에이, 그야 어차피 자기는 친구가 아무도 없으니까, 남들이 친구 있는 게 질투나서 그런 거지."

미네랄로가 플란토의 팔꿈치를 툭 쳤다.

아해가 고개를 갸웃하며 다시 말했다.

"그게 아닌 것 같아. 아까 내가 들었던 목소리는 인간과 인간, 인간과 다른 모든 생명체와의 우정을 지켜야 한다고 그랬어."

"인간 사이의 우정은 알겠는데, 인간과 다른 생명체와의 우정은 뭐야? 언제부터 인간이 식물이나 동물들과 친구였는데?"

플란토가 어리바리한 표정으로 물었다. 초록빛 머리가 엉켜들고 있었다.

"난 알겠어! 친구 맞아!"

미네랄로가 대단한 걸 알아 냈다는 듯이 의기양양하게 외쳤다. 아이들이 멍하니 쳐다보자 미네랄로가 으쓱거리며 말을 이었다.

"같이 살고 있고, 서로 의지가 되어 주고, 서로가 도움이 되고 있어. 친구가 아니라면 뭐겠어? 우정이란 그런 거라면서? 서로 귀하게 여겨 주고, 외롭지 않게 보듬어 주는 게 우정이라면, 인간과 인간, 인간과 다른 생명체 사이에 꼭 있어야 하는 거야. 그래야 같이 살아갈 수 있는 거야. 지금 지구의 동식물들이 비명을 지르고 있는 건 인간들이 그 우정을 버렸기 때문이라고."

"더불어 사는 우정 말이지? 인간들이 버렸기 때문에 이제 동식물 모든 생명체도 인간을 더 이상 친구로 여길 수 없게 되었어. 서로 친구가 아니니까 감싸 줄 필요도 없는 거고."

아니말로 역시 고개를 끄덕이며 말했지만, 플란토는 여전히 송송당 당수가 그런 우정을 빼앗아 무엇을 하려고 했는지 전혀 모르겠다는 표정을 지었다.

이번에는 아해가 천천히 고개를 끄덕이며 말했다.

"우정을 빼앗으면 인간들은 계속해서 마음대로 다른 생명체에게 피해를 주며 외롭게 살아갈 거야. 또 환경은 환경대로 망가지고, 쓰레기 처리 로봇은 환경에 나쁜 영향을 미치든 말든 신경 쓰지 않고 돈벌이에만 열중할 수 있을 거고, 환경은 점점 더 나빠질 거고, 그럼 쓰레기 처리 로봇의 돈벌이는 점점 더 좋아질 거고……."

"으앗, 그만해, 아해. 생각만 해도 끔찍해. 우리 모두가 힘을 합쳐 독가스라도 막아 낸 게 정말 다행이야."

플란토가 흥분해서 폴짝폴짝 뛰었다.

"그래. 우정의 힘으로, 우리 모두가……."

모두 함께 외치다가 누구랄 것도 없이 동시에 "아, 게노!" 하고 소리를 질렀다.

이 때 마침 게노의 잠바로가 큰 소리로 경보음을 울렸다. 아이들은 깜짝 놀라 게노가 누워 있는 캡슐로 달려갔다. 게노의 얼굴색이 진한 흙빛으로 변해 있었다.

"이게 어찌 된 일이야? 인간의 독가스에 이렇게까지 되다니!"

아니말로가 절망적으로 소리쳤다.

미네랄로와 플란토도 얼굴을 감싸쥐며 소리쳤다.

"아마도 인간의 독가스가 게노를 악화시켰나 봐!"

이 때 치익 하는 소리와 함께 중앙의 입체 영상장치에 아보다 박사의 모습이 나타났다. 박사의 얼굴도 매우 어두웠다.

애들아, 나쁜 소식이다. 게노의 신체 조절 기능이 너무 많이 떨어졌어. 그런데 거리가 너무 멀어 이 곳의 조절 회복 프로그램을 쓸 수가 없구나.

"지구에 있을지도 모른다는 약은요? 그게 뭔지 아셨나요? 우린 아해 엄마를 찾지 못했어요. 도움을 받을 수 없다고요. 본부에서 알아내야 해요."

미네랄로가 애타는 표정으로 물었다.

미안하다. 얼마 전까지만 해도 지구에 분명히 약이 있었다고 한다. 몇 가지 종류의 풀과 나무껍질, 열매, 짐승의 뼈, 배설물, 곰팡이, 몇 군데의 땅과 돌에서 추출한 성분들을 배합해서 온몸을 감싸고 있으면 완전히는 아니더라도 어느 정도는 회복할 수 있다는 걸

과가 나왔었다. 그런데 지금은 그것들 대부분이 인간의 활동 영역이 넓어짐에 따라 사라졌다고 한다.

"그럼, 이제 어떻게 해요?"

플란토가 울먹이며 물었다. 머리카락 속에서 연두색 방울이 맺혀 흘러내렸다. 아해의 입술은 파랗게 질렸다.

결국, 우리 우주선 본대인 아텐토로 돌아와서 치료를 할 수밖에 없다.

"돌아갈 때까지 게노가 무사할 수 있을까요?"

아니말로가 바싹 마른 입술로 아보다 박사에게 물었다. 꽉 쥔 주먹에서는 불안한 붉은빛이 불쑥불쑥 솟아나왔다.

게노의 잠바로만 잘 작동해 주면 좋겠는데, 잠바로도 제 주인의 영향을 받아 불완전해서 믿을 수 없으니……

아보다 박사는 잠시 망설였다. 아이들은 간절한 표정으로 박사를 쳐다보았다.

이제 방법은 게노의 생명 상태를 일시 정지시키는 수밖에 없다.

"그건 자칫하면 더 위험해질 수도 있는 방법이잖아요?"

아니말로가 따지듯 물었다.

"꼭 그렇게까지 해야 해요?"

플란토도 초록 머리를 불안하게 흔들며 물었다.

"게다가 우리는 생명 정지장치를 작동시켜 본 적도 없어요."

미네랄로가 울먹이는 소리로 말했다.

게노의 에너지가 완전히 멈추기 전에 그렇게 하지 않으면 안 돼. 너희가 해내야만 돼. 워낙 멀리 떨어져 있는데다가 중간에 생긴 구겨진 공간의 잡음 때문에 너희와의 소통이 잘 되지 않고 있어. 일단은…….

찌직거리는 잡음이 섞이며 아보다 박사의 말과 영상이 심하게 흔들렸다.

"안 돼요. 너무 위험해요. 우리끼리 어떻게 그 위험한 과정을…….."

미네랄로가 머리를 두드리며 주저앉았다. 플란토와 아니말로도 고개를 흔들었다.

"할 거야. 할 수 있어."

아주 작은 목소리가 들려 왔다. 아이들이 깜짝 놀라서 돌아보니, 게노가 어느 새 눈을 뜨고 일어나 앉아 있었다. 아이들이 말리며 그냥 누워 있으라고 하자, 게노는 캡슐에 걸터앉은 채 괜찮다는 뜻으로 손바닥으로 턱 밑을 흔들었다. 오색 빛이 희미하게 번졌다. 아이들은 무거운 표정으로 고개를 돌려 먼 우주 공간을 잠시 바라보았다.

"게노, 우정의 힘을 믿어."

아해가 갑자기 힘있게 말하며, 게노에게 다가가 손가락을 내밀었다. 아해의 손가락에도 상처가 나 있었다. 게노도 손가락을 마주 댔다. 두 손가락 사이에 희미한 빛이 잔물결치듯 흘렀다. 아해가 물결치는 빛을 잠시 내려다보다가 고개를 돌려 아이들을 쳐다보았다. 굳게 다문 입가에 미소가 떠올랐다.

망설이던 아이들이 게노 앞으로 모두 모였다. 게노가 캡슐 안에 다시 눕더니 모두에게 미소를 지어 보이며 손가락을 파도치듯 흔들었다. 갑자기 아이들의 손가락에서 말할 수 없이 맑고 환한 오로라가 화산처럼 솟았다. 모두의 얼굴이 밝아졌다.

"아참! 이거."

게노가 자신의 잠바로를 팔뚝에서 떼어 내밀었다. 자기가 깨어날 때까지 누군가 대신 보관해 달라는 것이다.

"내가 보관해 주면 되지, 뭐."

아해가 잠바로를 선뜻 받아 들었다. 그러자 아이들은 어리둥절한 표정을 지었다. 게노가 아해의 눈을 바라보면서 미소를 지었다.

"아해야, 우리랑 같이 가 준다는 거야?"

플란토가 기쁨에 겨워 소리쳤다. 초록빛 머리카락이 하늘을 향해 치솟았다.

"상처 입어서 같이 갔으면 좋겠다고 생각했지만, 차마 말을 하지 못하고 있었어."

"엄마도 찾지 못했는데, 고향을 떠나자고 하기가 미안해서……."

아니말로와 미네랄로도 아해의 손을 잡으며 말했다. 발 밑에서 맑은 빛방울들이 퐁퐁 솟아올랐다.

"괜찮아. 엄마도 내가 친구들과 헤어지는 건 싫으실 거야."

아해가 게노의 잠바로를 가슴에 갖다 댔다. 잠바로는 잠시 얕고 어지러운 소리를 삐이삐이 내는가 싶더니 이내 작지만 조화로운 소리를 내기 시작했다. 동시에 아름다운 보라색 오로라가 희미하게 떠올랐다. 모두가 놀라며 기뻐하자, 아해도 좀 놀란 듯 잠바로를 가슴에서 떼어 냈다. 신기하게도 아해 가슴의 상처가 조금씩 아물고 있었다. 게노가 아해를 향해 손가락을 치켜올리면서 한쪽 눈을 찡

굿했다. 손가락 끝에서 영롱한 보라색 방울들이 작은 꽃송이처럼 터져 나왔다. 아이들이 환호하는 사이 게노는 입가에 흐뭇한 미소를 가득 머금은 채 살며시 눈을 감았다.

　게노의 생체 파장이 멈춤과 동시에 탐사선 아미코는 지구를 떠나 아텐토로 향했다. 아해는 멀어지는 지구를 말없이 바라보았다.
　"엄마를 끝내 찾지 못했네……."
　플란토가 아해의 어깨에 손을 얹으며 위로했다.
　"네 엄마는 정말 어디에 계셨던 걸까?"
　아니말로가 턱을 괴고 앉아 물었다.
　아해가 꿈을 꾸는 듯한 표정으로 대답했다.
　"엄마를 찾지는 못했지만 엄마의 숨결을 느껴. 내가 어디를 가든, 엄마가 어디에 있든 우리는 함께 있는 거야."
　"네 엄마는 지구 생명을 지키는 여신이었을까? 갯벌에서 보았던 가이아 같은 여신 말이야."
　이번에는 플란토가 말했다. 아니말로와 미네랄로가 고개를 끄덕였다.
　"지구는 여신이 지키는 게 아니야. 어느 누가 지키는 것도 아니야. 지구가 우리 모두를 잠시 품어 주는 것인데, 인간은 자꾸 그 가슴에 상처를 내고 있어. 엄마는 그 상처를 감싸 주려는 사람이었겠지. 지금 엄마는 온몸이 상처투성이가 되어 지쳐서 아마 쉬고 계실 거야."
　아해가 나직한 목소리로 대답했다.

"게노가 건강해지면, 우리 다시 지구에 오자."

아니말로가 아해에게 제안하자 아해가 말을 흐렸다.

"그래……. 글쎄, 그렇게 될까……."

"너는 이 곳에 다시 오기를 바라지 않니? 엄마도 찾아야 하잖아."

미네랄로가 조심스레 묻자 아해는 게노의 캡슐 쪽으로 천천히 발걸음을 옮겼다. 닫혀서 아무것도 보이지 않는 게노의 캡슐을 쓰다듬으며 아해가 말했다.

"엄마를 찾는 걸 포기한 게 아니야. 다만, 엄마는 내가 우정을 간직하고 있는 곳에서 살기를 간절히 바라실 것 같아. 내가 그런 곳에서 살게 되면 엄마가 나를 금세 찾아 낼 거야."

아해가 멀어지는 지구를 물끄러미 바라보면서 가볍게 손을 흔들었다. 아이들도 덩달아 손을 흔들었다. 손을 세 번쯤 흔들기도 전에 지구는 이내 사라지고 보이지 않았다.

모두들 잠이 든 사이 미네랄로는 보고서의 마지막 줄을 적어 내려갔다.

지구별 환경 탐사 보고서

탐사 대원 게노, 플란토, 아니말로, 미네랄로(이상 비비인)

보조 탐사 대원 잠바로, 키잔, 다무, 이푸이푸(이상 아모코)

명예 탐사 대원 아해(지구인)

대표 작성자 미네랄로

작성 일자 270억 촘촘

이상으로 행성 '지구'의 생태 환경 탐사를 마칩니다. 탐사를 위해 염려하고 애써 주신 모든 파밀리온께 감사드리며, 우리 탐사원들은 다음과 같은 중간 결론을 냈습니다.

지구에 대하여

'은하수' 은하 속 태양계에 속하는 행성 지구는 자기 수명의 절반쯤 되었으며, 지구 나이로 앞으로 50억 년 정도는 행성계의 식구로 살 것으로 보입니다. 지구 생태계는 매우 변화무쌍하고 흥미진진하게 진행되어 왔고, 앞으로도 그럴 것이 분명해 보입니다.

인간에 대하여

현재는 지구 탄생 이후 최초로 생겨난 지적 생명체인 '인간'이 주인 행세를 하고 있으나, 아무도 그 주인을 달가워하지도 않고, 인정하지도 않는 상태입니다. 왜냐하면 인간은 욕심이 많고, 교만하며, 이기적이고 염치없는 특이한 종족이기 때문입니다. 그들은 모두의 미래를 생각하지 않는 듯 보이며, 지금 당장 남들보다 더 많이 차지하고 누리는 것만이 유일한 목적인 듯 행동합니다.

그 과정에서 나누어 함께 누리기보다는 빼앗아 차지하는 것을 더 좋아하게 되었으며, 그 결과 얻는 것보다는 잃어버린 것이 더 많아

졌습니다. 자신들 마음의 고요와 행복은 물론, 서로 남의 영역을 짓밟다가 결국 모든 환경을 황폐화시키고 있습니다.

지금의 지구 환경은 생태계 전체의 조화가 깨지고 있는 심각한 상황이며, 인간 자신을 포함해서 그 안에서 살아온 많은 생명체들의 생존 질서가 무너질 위기에 처해 있습니다.

다행히 최소한 인간이 만들어 내는 위험만큼은 막고자 노력하는 사람들이 있지만, 욕망 추구자들에 의해 무시당하거나 방해받고 있습니다. 인간 문명의 수명은 자신들의 손에 달려 있겠지만, 인간과 동시대에 살게 된 '재수 없는' 생명체들은 단지 그 이유로 억울하게 지구에서 사라질지도 모르거나, 운 좋게 그렇지 않은 경우라도 역시 형편없는 삶의 질을 누릴 것이라는 불안감에 떨고 있습니다.

지구는 이웃이 될 수 있는가

지금으로서는 그 자신과 친구들의 목숨마저도 위험에 빠뜨리고 있는 인간 종족에게, 우리 파밀리온의 이웃이 될 수 있을지를 묻는 것은 어리석은 일입니다. 이는 행복하게 더불어 살 곳을 찾고 있는 우리 파밀리온으로서는 매우 슬픈 일입니다.

다만, 인간이 '우정'을 회복한다면 가능성이 있습니다. 우정이란 '공존'과 '조화'를 상징하며, 인간 사이뿐 아니라 지구 생명체 전체와 인간 사이의 우정을 뜻합니다. 지금 인간은 공존과 조화의 우정에 살짝 눈을 떠 가는 상황이나, 워낙 욕망이 강하여 앞날을 예측하기 어렵습니다.

　따라서, 인간이 지구의 지적 생명체로서 얼마나 생명력을 유지할지 알 수 없는 상황입니다. 자신들의 친구인 지구 생명 모두를 살리는 우정이 살아난다면 좀더 오래 살아가겠지만, 그렇지 않다면 같이 살고 있는 생명체들까지 더불어 예상보다 지구에서 짧게 살다 간 생물종이 될 것입니다. 지금으로서는 그 가능성도 꽤 커 보입니다.

결론

　그러므로 인간이 우리와 친구가 될 가능성은 현재까지는 불확실하나 거의 없다고 보입니다. 그럼에도 불구하고 우리는 우주를 향해 자신들의 존재를 알린 지적 생명체인 인간이 지구에서 되도록 오래, 다른 생명체들과 함께 조화롭게 살아 주길 바랍니다.

　따라서, 최종 결론은 '유보' 하기로 했습니다. 현명한 파밀리온 모두의 판단을 기다립니다.

　이상으로 보고서를 마칩니다.

지구는 생명체가 살만한 행성인가?

지은이 | 김종옥

1판 1쇄 발행일 2009년 6월 8일
1판 2쇄 발행일 2009년 9월 7일

발행인 | 김학원
편집인 | 선완규
경영인 | 이상용
기획 | 최세정 홍승호 황서현 유소영 유은경 박태근
디자인 | 송법성
마케팅 | 하석진 김창규
저자·독자 서비스 | 조다영(humanist@humanistbooks.com)
스캔·출력 | 이희수 com.
용지 | 화인페이퍼
인쇄 | 청아문화사
제본 | 정민제본

발행처 | 휴먼어린이
출판등록 제313-2006-000161호(2006년 7월 31일)
주소 | 서울시 마포구 연남동 564-40호 121-869
전화 | 02-335-4422 팩스 | 02-334-3427
홈페이지 | www.humanistbooks.com

ISBN 978-89-92527-26-2 73530

만든 사람들

기획 | 홍승호(shh2001@humanistbooks.com), 한필훈
편집 | 박민애
디자인 | Moon&Park
일러스트 | 조진옥